子供の科学★サイエンスブックス

極限(きょくげん)の世界(せかい)にすむ生き物(いきもの)たち

一番(いちばん)すごいのは誰(だれ)？　極寒(ごっかん)、乾燥(かんそう)、高圧(こうあつ)を生き抜く(いぬく)驚き(おどろき)の能力(のうりょく)！

はじめに

「好きな生き物をおしえてください」といわれたら、みなさんはどんな生き物を答えてくれますか。イヌやネコ、ヒマワリやチューリップでしょうか。昆虫やキノコもあるでしょうし、ミジンコやミドリムシみたいに顕微鏡でやっと見えるような小さな生き物（微生物）もいますよね。でも、答えてもらった生き物の多くは「ふつうの場所」、「生き物がたくさんいる場所」にすんでいるのではないかと思います。

地球にはいま約 200 万種の生き物が知られていますが、そのほとんどは「生き物がすみやすい場所」にいます。それはどういう場所でしょう。わたしたち人間がすんでいる場所はもちろん、熱帯のジャングルもそうですし、サンゴ礁みたいに光があたる浅い海もそうです。でも、そういう場所は意外と少なくて、地球の大部分は「生き物がすみにくい場所」です。たとえば、陸地の約 3 分の 1 は乾燥地（砂漠）ですし、海の体積の 90%以上は光が届かない深海なのです。こういう「生き物がすみにくい場所」を極限環境といいます。

ところが、極限環境をよく調べてみると、なんと、生き物がいるのです。きびしい極限環境で「がまん」している生き物もいますが、むしろ極限環境のほうが好きという生き物もいるのです。そう、極限環境というのは人間から見て「すみにくい」というだけのことで、高温や乾燥のほうが好きという「変な」生き物もいるのです。そもそも「変な」というのも人間中心ですよね。

このように、極限環境の生き物たちを知ることで、いままで知らなかった世界がひらけてきます。あんなところにも、こんなところにも生き物がいるんだって思うと、そこに行ってみたくなりませんか。そして、そういう生き物たちを知ると、「いのち」というものがとても強く、たくましく思えてくるでしょう。その強くたくましい「いのち」はあなたのなかにもあるのです。この本を読んで、そのことを感じてください。

長沼 毅

もくじ

第1章

北極・南極の生き物

第2章

砂漠の生き物

第3章

高山の生き物

第4章

深海の生き物

第5章

いろいろなところの生き物

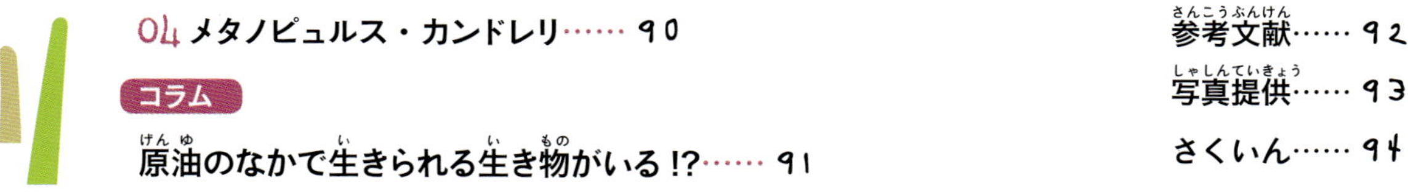

極限生物を知ろう！

極限環境ってなに？

極限環境とは、すごく暑い、すごく寒い、すごく乾燥しているなど、私たちではとても暮らせないような、きびしい環境のことです。私たちは地球のなかでも、温度や湿度などが穏やかなところでしか生きられませんが、地球にはさまざまな環境があります。本書では北極・南極、砂漠、高山、深海を中心に見ていきます。

極限生物ってなに？

極限生物とは、その名のとおり極限環境で生きている生き物のことです。なぜそのようなきびしい環境で生きているのか、ほかの生き物とどんなところが違うのか――本書では、地獄のような環境でたくましく生きている極限生物たちの不思議を紹介していきます。

第1章

北極・南極の生き物

北極や南極は地球のなかでもとくに寒さがきびしいところですが、
有名なホッキョクグマやペンギンはもちろん、
たくさんの生き物がすんでいます。

−89.2℃にもなる
寒さの極限

北極と南極には私たちが暮らす世界とは違った世界が広がっています。
そこにいる極限生物をよく知るために、
まずは北極と南極について理解しましょう。

北極と南極の世界を知ろう!

北極と南極はどこにある？

地球は約24時間をかけて1回転（自転）しています。地球が回転するときに軸となっている中心線を地軸といい、そのいちばん北端を北極点（北緯90度)、いちばん南端を南極点（南緯90度）といいます。かんたんにいえば、このふたつの点が北極と南極です。

それだけでなく、北極圏（北緯66度33分より北）や南極圏（南緯66度33分より南）など、周辺の地域を含めて北極、南極ということもあります。

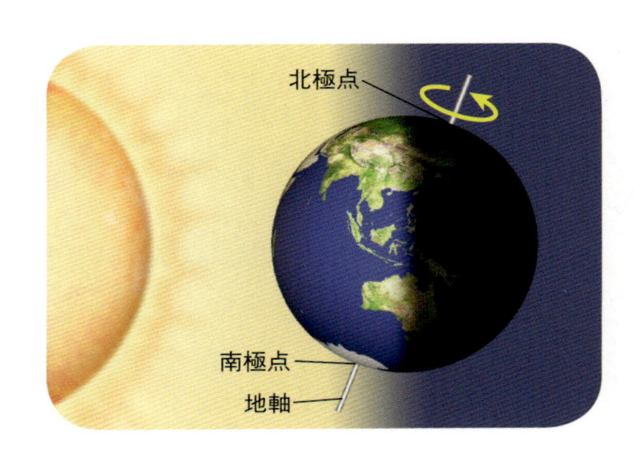

北極と南極はどうして寒いの？

北極と南極が寒いのには、太陽の高さが関係しています。日本の夏と冬の影の長さを例に考えてみましょう。

夏の太陽は頭の真上から照りつけるので、影が短いです。いっぽう、冬の太陽は昼間でも夏の夕方くらいの高さにしかならないので影が長くなります。影の大きさは太陽の光が地面にあたる面積です。空低い太陽から受ける光の量を面積あたりで考えると少ないことがわかります。北極と南極の寒さもこれと同じで、地球の端にある北極と南極では、夏でも日本の冬よりも低い位置に太陽があります。そのため、太陽から受ける面積あたりの光の量が少なく、気温が上がりません。また、雪や氷がせっかく受けた太陽の光の多くを反射してしまうことも、気温が上がらない原因です。

北極と南極はどちらが寒い？

南極と北極では南極のほうが寒いのです。地球で記録されたもっとも低い気温は、南極のボストーク基地（ロシアの基地）で記録された−89.2℃です。同じような極地にあるのにどうして南極のほうが寒いのでしょうか。

大きな理由には海面からの高さの違いがあり

氷と雪でおおわれている南極大陸。大きさは約 1300 万 km^2 もあり、日本の約 36 倍にもなる。

ます。北極の厚い氷の下には陸地はなくて海だけです。氷の厚さも最大で 10m ほどです。これに対し、南極では南極大陸が氷床という厚い氷でおおわれています。その厚さは最大でなんと約 4000m。平均でも約 2500m もの厚さがあります。つまり南極は北極よりも海面からの高さが大きいので気温が低くなるのです。

また、南極大陸が大きな大陸なのも理由のひとつです。海から遠い内陸部ほど海の温度が届かなくて気温が低くなります。

白夜と極夜ってどんな現象？

北極や南極では、一日中太陽が出ている白夜と、一日中太陽が出ない極夜がおこります。なぜこのようなことがおこるのでしょうか。

地球は自転をしながら、1 年間で太陽のまわりを 1 周します（公転）。じつは、地球の軸は太陽に対してかたむいている（8 ページの図）ため、1 年のなかで太陽の光のあたり方が変化します。南半球が太陽側にかたむけば、南半球は夏に、北半球は冬になるというわけです。これにともない、北極と南極では、太陽が一日中あたるところと、一日中あたらないところができます。これが白夜と極夜です。このふたつの現象は、緯度が高くなるほど長くなり、北極点と南極点では、じつに半年も続くのです。

極夜になると、太陽の光が届かないので気温が下がり、生き物にはきびしい環境となりますが、それでも順応して暮らしている生き物たちがいます。次のページからは、北極と南極にいる極限生物たちを紹介していきましょう。

コオリウオ

透明で凍らない血が流れる魚

コオリウオ	
コオリウオ科の 11 属約 25 種	
学名	*Channichthyidae*
体長	40 ～ 60cm
生息場所	南極海とその周辺の水温の低い海

ふつうの魚はエラで呼吸するが、コオリウオは皮膚でも呼吸をして、からだに酸素（O_2）を取り入れている。

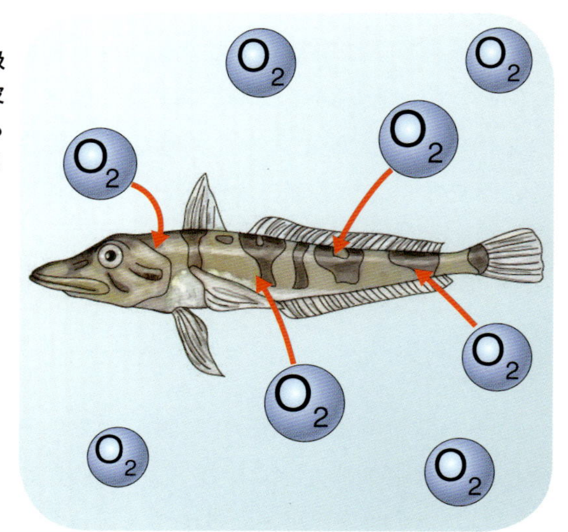

ふつうの魚のエラは血液の色で赤いが、コオリウオのエラは白色。筋肉や内臓なども白い。

海水の温度が－0.8℃以下になると、ふつうの魚は血が凍ってしまいますが、コオリウオの血は0℃以下の海のなかでも凍りません。コオリウオの血のなかには「不凍タンパク質」という物質が多く含まれていて、血が凍る温度がほかの魚よりも低いのです。

また、コオリウオの血のなかには、酸素を運ぶはたらきをする赤血球がありません。私たちの血が赤いのは赤血球があるからですが、赤血球をもたないコオリウオの血はなんと透明なのです。ところで、赤血球がなくては酸素を運べないはずなのに、どうやって酸素をからだに運んでいるのでしょうか。じつは赤血球のかわりに、血しょうという血液のほとんどをしめる成分が酸素を運びます。全身に血を送るポンプのはたらきをする心臓が大きいので、たくさんの血を全身に送り出せます。水は低温なほど酸素などの気体をたくさん溶かすので、冷たい南極の海水中には酸素が多く、赤血球がなくても酸素を取り入れやすいのです。

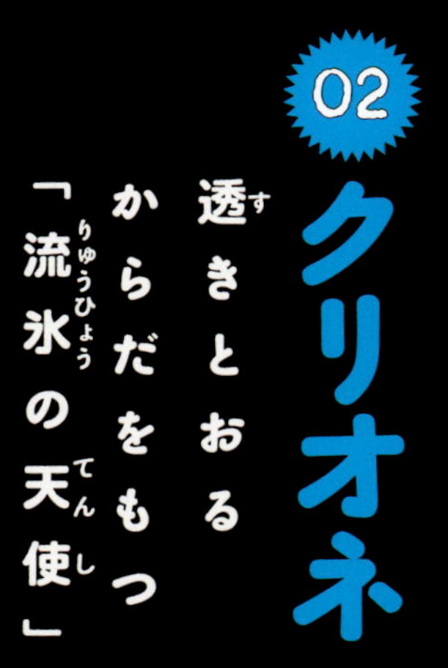

02

クリオネ

透きとおるからだをもつ「流氷の天使」

北極や南極の海にいるクリオネは、海の女神「クレイオ」が名前の由来です。日本語では「ハダカカメガイ」といいます。1 ～ 3cm ほどのからだに小さな羽がついたような姿はまさに「流氷の天使」。巻貝のなかまですが貝がらはありません。

透きとおるからだのなかの赤い部分は内臓です。つまり、頭のように見える位置にあるのがお腹です。羽のようにみえるのは翼足とよばれる足で、この翼足をヒラヒラさせて移動します。神秘的なクリオネですが、その食事シーンはなんとも衝撃的。お腹の上にある触角の間からバッカルコーンという触手をさっとのばしてエサをつかまえます。

クリオネの天敵はクラゲですが、クラゲといっしょにいるヒペリイドという生き物の背中にくっついているので、クラゲに食べられません。ヒペリイドのほうも、クリオネがもっている魚がいやがる成分で魚から身を守ることができるのです。

半年（はんとし）エサを
食（た）べなくても
生（い）きられる！

バッカルコーンという６本の触手をのばして、エサのミジンウキマイマイをつかまえる。

クリオネ	
ハダカカメガイ科クリオネ属	
学名	*Clione limacina*
体長	1～3cm
生息場所	南極・北極の寒流域、流氷域

03

コウテイペンギン

世界一過酷な子育てをするペンギン

オスはじっと寒さにたえて卵を守る！

集団で寒さをしのぐコウテイペンギン。ヒナがかえったあともお腹に入れて寒さから守る。

南極にいるペンギンのなかでいちばん大きいのがコウテイペンギンです。コウテイペンギンは南極が冬になる5～6月に卵を産みます。真冬の南極は気温が－50℃以下になる日もあり、極夜のため暗く、吹雪が吹きあれています。そんななか、オスのペンギンが、じっと立ったまま足の上にのせた卵をお腹で包んで温めます。集団でからだをよせ合って寒さをしのぎますが、卵が氷に触れるとヒナがかえらなくなってしまうので、オスは風によろけないよう必死にたえ、その間は食事もしません。

いっぽう、卵を産んだメスのペンギンは、エサを探しに海へ向かいます。夏の間はすぐそこにあった海も、冬になって氷が広がれば約 100km 先に遠ざかります。エサ探しの旅は、なんと 3 カ月ほどもかかるのです。オスはメスが戻るまで、何も食べずに卵を温めるので、体重は半分に減ってしまいます。それでも子どもが海に入るのは夏のほうが安全だから、冬に子育てをします。とても大きな愛情だと思いませんか。

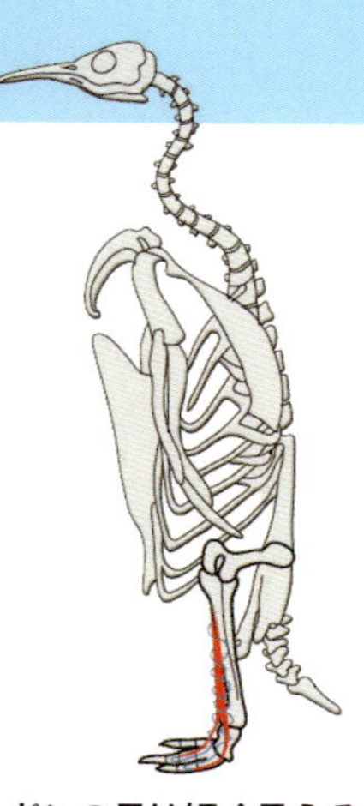

ペンギンの足は短く見えるが、じつはお腹のあたりに関節があってそこで折り曲がっている。また、足の血管が特殊な構造をしており、足の裏の冷えた血液を心臓に戻るまえに温めることができる。

コウテイペンギン	
ペンギン目ペンギン科	
コウテイペンギン属	
学名	*Aptenodytes forsteri*
体長	約 120cm
体重	約 30kg
生息場所	南極大陸、南極大陸周辺

04

キョクアジサシ

もっとも長い距離を飛ぶ渡り鳥！

白いからだとV字の長い尾が特徴のキョクアジサシは、ハトくらいの大きさで、見た目はどこにでもいるふつうの海鳥です。この鳥のすごいところは、1年に2回、南極と北極の間を移動すること。渡り鳥のなかでもっとも長い距離を移動します。

北極の夏が終わるころ、キョクアジサシは夏になる南極へ向かいます。そして南極が冬になれば、また夏の北極へ戻ってきます。地球の一周はおよそ4万kmですが、最短ルートではなく、大西洋まわりと太平洋まわりに分かれて飛ぶので、1年で約8万kmもの距離を飛びます。夏は太陽が沈まない北極と南極を行き来するキョクアジサシは、いちばん太陽の光を浴びる生き物といわれています。

キョクアジサシの寿命はだいたい30年。30年間、毎年約8万kmを飛ぶので、単純に計算すると一生の間に飛ぶ距離は約240万km。これは、月と地球を3往復できる距離というから驚きです。

キョクアジサシの飛行ルート。北極から南極へはアフリカ西部の沿岸を進むルートと、南米東部の沿岸を進むルートがある。

キョクアジサシ	
チドリ目カモメ科アジサシ属	
学名	*Sterna paradisaea*
体長	約36cm
翼開長	約70cm
生息場所	夏の北極、南極

ホッキョクグマは陸上でいちばん大きな肉食獣です。寒い北極の冬をたえるために、厚い脂肪と温かい毛皮をもっています。

50万年前にヒグマとホッキョクグマは同じ種から分かれました。ホッキョクグマはそれから40万年というとても短い期間で、北極で暮らせるように進化しました。

エサになるアザラシは脂肪の多い動物です。私たちは脂肪の多い食事を続けていると病気になってしまいますが、ホッキョクグマにとって脂肪は大切な栄養です。脂肪の多い食べ物をエネルギーに変えるしくみを進化させて北極に適応したのです。

ホッキョクグマ	
食肉目クマ科クマ属	
英語名	Polar Bear
学名	*Ursus maritimus*
体長	2 ～ 2.5m
体重	250 ～ 600kg（オス）
	150 ～ 300kg（メス）
生息場所	北極圏

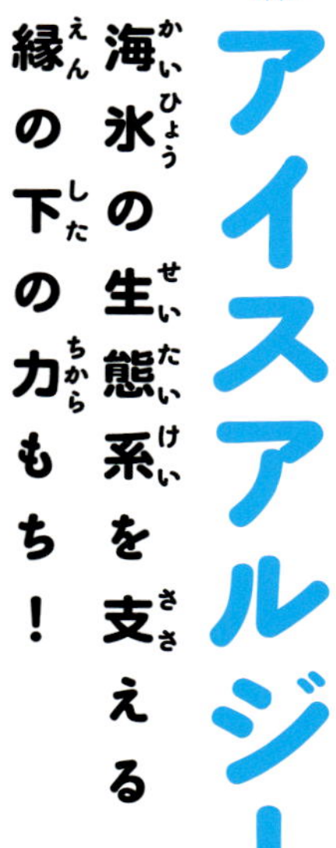

06 アイスアルジー

海氷の生態系を支える縁の下の力もち！

100分の1の太陽光で光合成ができる

アイスアルジー	
体長	大きいもので50cm以上
生息場所	海氷の下層部の表面や内部

北極や南極に浮かぶ氷の下には、細かい藻がたくさん集まっています。この藻の集合体がアイスアルジーです。

南極にある昭和基地周辺の冬の海水温は約－2℃。氷の上にさらに雪が積もるので、海のなかに届く太陽光は、地上の100分の１ほどです。ふつうの植物では光合成ができないほど弱い光ですが、アイスアルジーはわずかな光でも光合成ができます。そのため、オキアミなど南極にすむ小さな生き物たちにとって、貴重な栄養源となっています。冬は氷の底についていますが、夏になると太陽の光を浴びて成長し、海中に沈みます。

夏

冬

氷の下の海中に垂れ下がりナンキョクオキアミなどのエサとなる。夏は海中に沈み、ほかの生物のエサとなる。

07

コケ坊主

陸上よりも暖かい湖にコケの山

南極の海岸線には「露岩域」とよばれる岩石がむきだしになった場所があります。ここは年間の平均気温が 0℃、冬は－ 40℃というとても寒いところ。水は 0℃で凍るので、液体の水は、短い夏の間と氷の下でしか見られません。露岩にできたくぼみには、氷河がとけたり海水が蒸発したりしてできた湖があります。湖の表面は凍っていますが、2m 以上深くなると水温が高く、わずかに藻類やコケが生えます。こうして藻やコケがからまって盛り上がってできたのが、コケ坊主の正体です。湖のところどころに 1m ほどのコケ坊主ができています。

コケ坊主	
Bryum 属や *Leptobryum* 属のコケ類と、藻類、バクテリアなどからなる生物群集	
高さ	大きいもので 30 ～ 60cm（柱状）
生息場所	南極の湖沼、 水深 3 ～ 5m のところに多い

08

地衣類

火星で生きられる!? 菌と藻の集合体

藻類とともに生きている菌類のなかま

南極のなかでもとくにきびしい環境なのが、「ドライバレー（乾きの谷）」といわれる砂漠地帯です。強い風が吹くので雪が積もりません。湿度はほぼ0%で岩が転がっているだけです。

そんなドライバレーの岩には、地衣類とよばれる菌類のなかまが、藻類といっしょに張りつき、黒、白、緑の層をつくっています。菌は藻に水分を与え、藻がつくった栄養分をもらっています。

火星は南極と同じくらい寒く、空気のほとんどが二酸化炭素ですが、乾燥に強くわずかな水だけで生きられる地衣類なら、火星でも生きられるのではないかといわれています。

ドライバレーにすむ地衣類は、岩と岩のすきまに細い糸のように張りついている。

昔、体長2mをこえる巨大ペンギンがいた!?

ペンギンは南極のほかに南米やニュージーランドなどにすんでいて、世界に18種類いるといわれています。そのなかでいちばん大きいのがコウテイペンギンで、体長は約1.2m、体重は約30kgあります。しかし、2014年、南極の近くにあるシーモア島で、コウテイペンギンをこえる巨大なペンギンの骨の化石が発見されたのです。

このペンギンが生息していたとされるのは、3700～4000万年前。当時のシーモア島は、今よりもずっと暖かく、エサとなる魚もたくさんいたので、巨大に成長したのではないかと考えられています。その大きさは、立っている状態で1.6m、くちばしを入れた体長はなんと2m以上もあり、体重は120kg近くもあったことが明らかになりました。水中にもぐる能力が高く、40分も海にもぐることができたと考えられています。

2本足で立つペンギンは、足首とかかとの骨をつなぐ関節がとても強くできています。そのため、ペンギンの化石のなかでも足首の関節はよく見つかります。このペンギンも、この足首の関節がきれいな形で見つかったのですが、その大きさは9cmもあって、これまでのペンギンの常識を大きく変えました。大きなペンギンの骨が見つかったことは、研究者にとっても大きな発見だったのです。

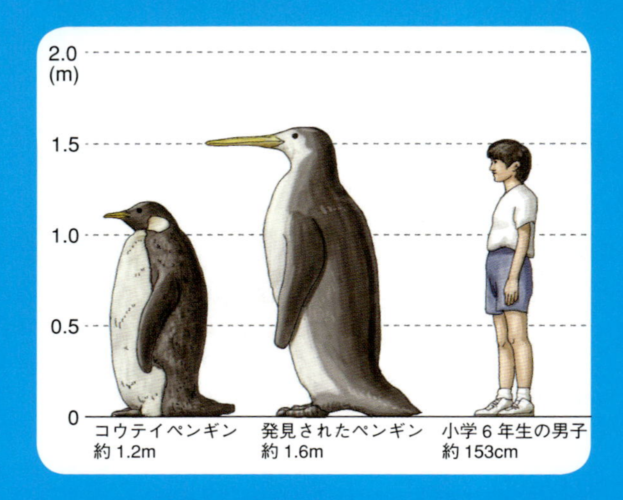

砂漠はめったに雨が降らない乾燥地帯です。
水がほとんどない土地で生き物たちはどのように
生きているのでしょうか。

灼熱と乾燥地獄

雨がたくさん降る日本に砂漠はなく、
なかなか砂漠の世界を体験することはできません。
まずは砂漠がどういう世界なのかを知りましょう。

砂漠の世界を知ろう!

砂漠ってどんなところ?

1年間に降る雨や雪の量が200mm以下の乾燥した地域を砂漠といいます。砂漠のまわりにあるサバンナ地帯には、雨がたくさん降る雨季という時季がありますが、砂漠ではほとんど雨が降りません。何年間も雨が降らないところさえあります。

砂漠は空気が乾燥しているため、雲がなかなかできません。そのため、太陽の光をさえぎるものがなく、日中はどんどん気温が上がり、なんと50℃を超える地域もあります。夜になると、今度は昼間に暖められた空気が上空に逃げてしまうので、どんどん気温が下がります。このように昼と夜の温度差が激しいことも砂漠の気候の大きな特徴です。

砂漠ってどうしてできるの?

砂漠は雨が降らないところにできますが、雨が降らない理由は場所によって異なります。どのような違いがあるのでしょうか。

地球の中心をとおる赤道付近は、雨がたくさん降る亜熱帯地域です。暖かく湿った空気は雨を降らせたあと、水分を失って乾いていきます。その乾いた空気が赤道から少し北と南にある亜熱帯地域にたどり着き砂漠をつくるのです。このような砂漠を亜熱帯砂漠といいます。世界でいちばん広いアフリカのサハラ砂漠などが亜熱帯砂漠です。

海岸の近くにできる砂漠もあります。海の水はたえず決まった向きに流れていて、この流れを海流といいます。海流には海水の温度が暖かい暖流と、冷たい寒流があります。このふたつのうち、寒流が流れている海岸付近は空気も冷たくなります。空気が冷たいと雨を降らせる上昇気流が発生しないため、雨が降りにくくなって砂漠ができます。このような砂漠を冷涼海岸砂漠といいます。

このほかにも、海から遠く離れた地域にできる大陸内部砂漠や、高い山の風下側にできる雨陰砂漠があります。

南米チリにある
アタカマ砂漠は
冷涼海岸砂漠の
ひとつ。

アフリカ大陸北部にあるサハラ砂漠。約 1000 万㎢という広大な砂漠だ。

砂漠で生きる生き物たち

　これまで見てきたように、砂漠はとても水が少ない土地です。そんな砂漠で生きる生き物たちは、きびしい環境に適応できる能力をもっています。

　たとえば砂漠に生えるサグアロという植物です。サグアロはサボテンの一種ですが、地表近くの広い範囲にわたって根を張り、少ない水分を効率よく吸い上げているので砂漠でも枯れません。砂漠で暮らす動物たちにも乾燥に強い特徴があります。砂漠の動物で有名なラクダを例に見てみましょう。ラクダは背中のコブに脂肪を蓄えてエネルギーとしていますが、それだけではなく、コブを日傘がわりにして太陽の熱から身を守っています。また、血のなかに水分を蓄えることができるので、長い間、水を飲まなくても生きられます。このように生まれつき砂漠に適応できる能力があるのです。

　このほかにもさまざまな生き物が砂漠で暮らしています。どのようにして砂漠という極限環境で生き抜いているのでしょうか。次のページから見ていきましょう。

ヒトコブラクダ。水を飲むときは一度に 100ℓ 以上も飲むことができる。

昼は熱を反射しやすい白、夜は熱をためやすい黒という具合に、気温に合わせてからだの色を変える。

ふつうのカメレオンは森のなかにすみ、敵に見つからないようにまわりの色に合わせてからだの色を変えています。しかし、その常識を破って砂漠に暮らすのがナマクアカメレオン。からだは左右からつぶされたような平たい形をしています。

ナマクアカメレオンが暮らすナミブ砂漠は、日中の気温が 40℃を超えるのに、夜は 0℃を下回ることもあります。そこで、ナマクアカメレオンは、昼は太陽の光と熱を反射しやすいようにからだの色を白に変え、夜になると、熱をためこみやすい黒に変えて日がのぼるのを待ちます。敵から身を守るためではなく、暑さと寒さから身を守るためにからだの色を変えているのです。

水分は砂漠の霧などから水分をとるサカダチゴミムシダマシ（33 ページ参照）などを食べて補給します。カメレオン界で一番の足の速さを生かしてエサに近づくと、さっと舌をのばしてひと口で飲みこんでしまいます。

ナマクアカメレオン	
有鱗目カメレオン科	
学名	*Chamaeleo namaquensis*
体長	約15cm
生息場所	アフリカ南西部の ナミブ砂漠

モロクトカゲ

全身の溝から水分を口へ運ぶ！

からだ中にある溝はすべて口につながっているので、毛細管現象を利用してからだについた水分を効率よく集めることができる。

モロクトカゲはオーストラリア中央部から西部に広がる、石と砂でできた砂漠に暮らしています。茶色にまだら模様のからだには、たくさんのトゲが生えていて、見た目はまるで怪獣のようです。アリの行列を見つけると一度に1000匹も食べてしまう、野性味あふれるトカゲです。

砂漠には雨がほとんど降りません。生き物は水がないと干からびて死んでしまうはずですが、モロクトカゲは、いったいどのように水分を得ているのでしょうか。

その秘密はからだのつくりにあります。じつはモロクトカゲの全身には小さな溝が張りめぐらされていて、それがすべて口につながっています。水には「毛細管現象」といって、細い溝や管の奥へ入っていく性質があります。モロクトカゲはその性質を利用して、まれに降る雨や朝霧など、からだについたわずかな水分を溝から口へと集めて飲んでいるのです。

モロクトカゲ

有鱗目アガマ科モロクトカゲ属	
学名	*Moloch horridus*
体長	約18cm
生息場所	オーストラリア中央部から西部の砂漠地帯

03 スナトカゲ、ナミブジムグリトカゲ

砂のなかで暑さをしのぐトカゲたち

鼻の先端がシャベルのようにとがっているので、砂を上手にかきわけることができる。

スナトカゲ	
有鱗目トカゲ科スナトカゲ属	
学名	*Scincus scincus*
体長	約20cm
生息場所	アフリカ北部のサハラ砂漠、アジア西部の砂漠地帯

暑さを避けるために涼しい土のなかですごす。からだの３分の１ほどはしっぽ。

サハラ砂漠は世界でいちばん大きな砂漠です。真夏の日中は気温が50℃を超える日もあり、日光のあたる砂の表面は70℃にもなる灼熱の世界です。そんなサハラ砂漠にスナトカゲはすんでいます。

暑い日中は砂のなかにもぐり、からだをくねらせて移動します。まるで魚が泳ぐように砂のなかを移動するので、英語では、「サンドフィッシュ（砂の魚）」といいます。とがった鼻をシャベルのように使い、砂をかきわけながら前に進みます。平たくデコボコした足の指も、砂をかくのには便利です。

ナミブ砂漠にすむナミブジムグリトカゲも、ヘビのようにクネクネと砂のなかを移動します。スナトカゲは足で砂をかいていますが、ナミブジムグリトカゲは砂のなかで動くのにじゃまな手足が、退化してなくなりました。ヘビと違ってまぶたがあるので、砂のなかでも目に砂が入りません。骨格もヘビとは違います。

04 ペリングウェイアダー

頭の上に目がついた ユニークな顔のヘビ

暑さで体温が上昇したときは、太陽に鼻先を向けて熱から脳を守る。

ペリングウェイアダーはナミブ砂漠にすむ毒ヘビです。頭の上に目がついているので、砂のなかに隠れて目だけを上に出して、獲物を待ち伏せすることができます。目は透明な皮膚でおおわれているので砂が入りません。

体温が40℃くらいになると、ぐいっと頭をもち上げて鼻を太陽に向けます。太陽に顔を向けたらよけいに暑くなりそうですが、こうすれば自分のからだで日かげができて、大切な脳を熱から守ることができるのです。このとき口を開けることがありますが、これは水分を蒸発させて頭を冷やしているようです。

ペリングウェイアダー	
有鱗目クサリヘビ科	
アフリカアダー属	
学名	*Bitis peringueyi*
体長	20 ～ 30cm
生息場所	アフリカ南西部のナミブ砂漠

05

サカダチゴミムシダマシ

霧がかかったら逆立ちの時間！

サカダチゴミムシダマシ	
有鞘翅目ゴミムシダマシ科	
学名	*Onymacris unguicularis*
体長	1.3 ～ 2.2cm
生息場所	アフリカ南西部の ナミブ砂漠

早朝にかかる霧を集めて飲み水にする

サカダチゴミムシダマシは、逆立ちして水を飲む変わった昆虫です。ナミブ砂漠では早朝４～５時ごろ霧がかかります。夜、寒さをしのぐために砂にもぐっていたサカダチゴミムシダマシは、外に出てきて長い足をのばします。逆立ちするように、おしりを高くもち上げて頭を低くすると、からだに降りかかった霧が背中のデコボコを伝って口に流れてくるというわけです。

太陽がのぼって暑くなると、エサを探して動き回ります。空気を取り込む穴を固い羽の下にしまいこんで、熱く乾燥した風が入りこまないようにしているのも、砂漠で生きるための大切なしくみです。

サカダチゴミムシダマシの背中の拡大図。背中の突起に水分を付着させて水滴を口に落として飲む。

水がなくなれば
ミイラになって
雨を待つ！

06

ネムリユスリカ

煮ても凍らせても死なない
不死身の幼虫

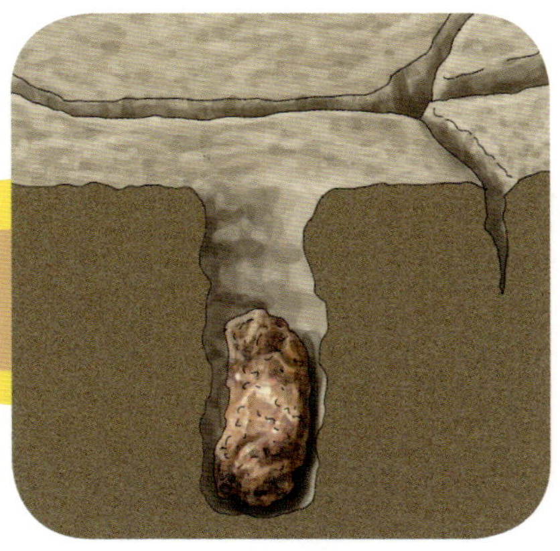

ネムリユスリカの幼虫は水たまりが干上がると、土のなかに巣をつくって乾燥状態となり雨を待つ。

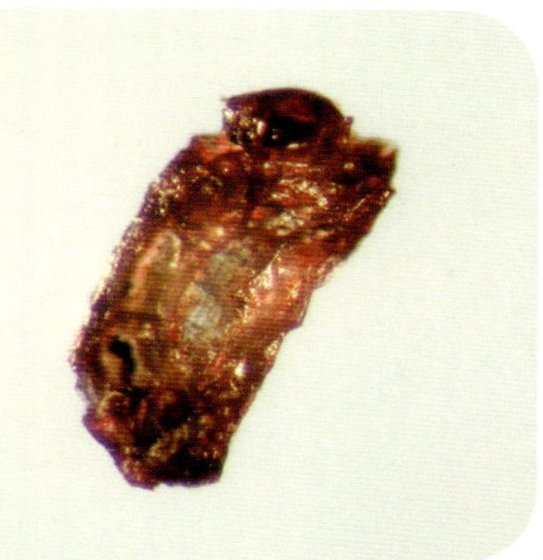

乾燥状態のネムリユスリカ。高温、低温のほか放射線などにもたえられる。

成虫となったネムリユスリカ。カのようにヒトの血を吸うことはない。

ネムリユスリカ	
双翅目ユスリカ科	
学名	*Polypedilum vanderplanki*
体長	約7mm（成虫）
生息場所	アフリカ、ナイジェリアの乾燥地帯

アフリカは乾燥している土地が多く、水辺の生き物にはとくに不向きな土地ですが、カによく似たネムリユスリカという昆虫がすんでいます。カの幼虫は水たまりで成長しますが、ネムリユスリカの幼虫は乾燥をものともしません。

乾期になると、ネムリユスリカの幼虫は、からだを乾燥させて雨を待ちます。ミイラのようになって息もせず、命を保ち続けるのに必要なしくみを止めています。けれど、死んではいません。乾燥状態でもからだの細胞は保存できているのです。雨が降って20分ほど水につかれば、成長を続けることができます。まるでインスタント食品のようなネムリユスリカの幼虫は、乾燥状態のまま17年も生きていたことがあります。

乾燥さえしていれば、熱湯で煮ても－190℃に凍らせても、アルコールにつけても大丈夫です。そんな無敵な幼虫ですが、3週間～2カ月半で成虫になると1週間くらいで死んでしまいます。

ブラインシュリンプ

濃い塩分にたえられる原始的な生物

乾燥しても死なない最強の卵を産む

ブラインシュリンプ	
学名	*Artemia franciscana*
体長	約1cm
生息場所	南北アメリカ、オーストラリア、ニュージーランドの塩水湖

地球上の乾燥した場所には、塩水湖という海よりも塩分の濃い湖があります。海の2～7倍も塩を含んでいて、乾燥する季節には干上がってしまいます。そんな湖に卵を産むのが、体長1cmほどで半透明なからだをもつブラインシュリンプです。

ブラインシュリンプは乾燥に強い耐久卵という卵を産みます。この卵はネムリユスリカの幼虫と同じように乾燥状態になることができるので、数年は生きられます。乾燥した卵に塩水をかけて1日たてば、1mmほどの大きさの赤ちゃんが生まれます。2週間で成長すると、なんと3カ月以上も卵を産み続けます。

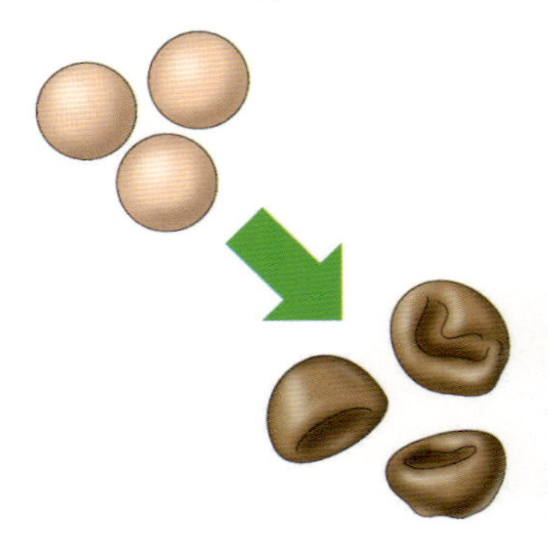

通常の卵は丸い形をしているが、耐久卵になるとへこんだ形になる。

08 デザートスネイル

砂漠にすむカタツムリは眠って雨を待つ！

デザートスネイル	
有肺目スフィンクテロキラ科	
学名	*Sphincterochila boissieri*
からの大きさ	2～3cm
生息場所	イスラエル・ネゲヴ砂漠

デザートとは英語で「砂漠」、スネイルは「カタツムリ」の意味で、名前のとおり、砂漠にすむカタツムリです。

イスラエルのネゲヴ砂漠で岩の割れ目や地面に転がっているデザートスネイルは、なんと気温が 50℃になっても大丈夫です。白いからが太陽の光と熱を反射して、体温が上がるのを防いでいます。さすがに地面を移動するのは暑すぎるので、からに閉じこもって眠っています。雨が降るわずかな期間に地面に生えた藻を食べて子どもを産みますが、その期間はごくわずかなので、デザートスネイルは１年のほとんどを眠ってすごしているのです。

気温が高いときは白いからにもぐり、太陽光を反射させて体温が上がるのを防ぐ。

水が少なくなるとからだから粘液を出してまわりの泥をかためて乾燥にたえる。
09
ハイギョ
水がなくても生きられる魚

ハイギョ（アフリカハイギョ）	
レピドシレン目プロトプテルス科	
学名	*Protopterus aethiopicus* など
体長	全長約2m
生息場所	アフリカの乾燥した地域

夏眠をして乾燥の季節を回避する！

アフリカの乾燥地域では、夏には池や川ができるほど雨が降りますが、冬になると、乾燥して水がなくなって泥が残るだけになります。これでは、せっかく池や川ができても魚がすめません。それでも、干上がってしまう池や川に適応できた魚がいます。ハイギョといって、漢字では「肺魚」と書きます。魚なのに肺をもっていて、水面に顔を出して口を開けて呼吸します。

乾燥する季節が近づき池や川の水が少なくなると、ハイギョは泥のなかにもぐりこみます。長いからだを丸めて小さくなると、皮膚から粘液を出してからだを包みこみます。粘液がマユのようになって、乾燥から守ってくれるのです。マユには小さな穴が開いているので、ちゃんと呼吸もできます。このまま数カ月間、雨が降るのを待ちます。クマなどが冬を寝て過ごすことを冬眠といいますが、ハイギョの場合は夏を寝て過ごすので「夏眠」といいます。

10 トビネズミ

ほとんど水分を必要としない砂漠のネズミ！

砂にもぐるときは、にせものの出口をいくつかつくり、本物の出口をふさいで隠れています。

砂漠の生き物たちは、あの手この手で水を飲みますが、トビネズミはその常識を超えました。ふつう、からだに不要なものは尿としてからだの外に出しますが、トビネズミは尿に使う水をギリギリまで減らして濃縮するため、それほど水分を必要としません。

暑い昼間は砂に掘った巣にかくれて休みます。1m ほど砂を掘れば、温度が 30℃くらいで少し湿っているので、乾燥を防げます。また、エサになる植物からも水分をとっています。

うしろ足が細長いので砂の上をすばやく移動できるほか、1m 以上も飛び跳ねることもできます。

ヒメミユビトビネズミ	
ネズミ目トビネズミ科	
学名	*Jaculus jaculus*
体長	10 ～16cm
生息場所	北アフリカ、アラビア半島、イラクの砂漠

ウェルウィッチアの葉のつけ根あたりに穂状の花がつく。写真は雌花。

11 ウェルウィッチア

霧の水分で2000年も生きられる！

これでも葉っぱはたったの2枚！

ナミブ砂漠に生えるウェルウィッチアは、大きな葉っぱが特徴の木です。何枚もの葉っぱがのびているように見えますが、じつは根元の２枚だけです。のびながら何枚にも裂けてしまうのです。葉は１年に15cmほどしかのびません。そのため、何mにものびているものは、1000～2000年も生きているようですが、葉っぱの半分は枯れていることもあります。それでも根元が元気なら大丈夫なのです。

まわりに生えるほかのウェルウィッチアと霧を奪い合わないように、種が近くに落ちたときは、芽を出さないようになっています。

ウェルウィッチア	
グネツム目ウェルウィッチア科	
学名	*Welwitschia mirabilis*
高さ	最大で約 1.2m
生息場所	アフリカ南西部のナミブ砂漠

クマムシなどが乾燥するときに体内に濃縮するトレハロースとは？

クマムシ（84ページ参照）やネムリユスリカ（34ページ参照）は、乾燥状態になると死んだように動かなくなりますが、水をかければもとに戻ります。ふつうの生き物は、水分がなくなると死んでしまい、水をかけても生き返ることはできません。クマムシやネムリユスリカはどうして復活できるのでしょうか。

昆虫やエビのなかまの血液に含まれる、トレハロースという成分に、そのなぞをとくカギがあります。

生き物のからだをつくる細胞などの部品は、ふつう、水に浮かんだ状態で役目をはたしているので、生き物のからだから水がなくなると、正しく並べられていた部品がばらばらになって動かなくなってしまいます。ばらばらになってから再び水を入れても、もとの状態には戻りません。しかし、トレハロースがあれば水がなくなっても部品の場所をぴたっと止めておくことができるので、部品がばらばらにならないのです。つまり、クマムシやネムリユスリカは、水がなくなりそうだと感じると、からだの水分を減らして乾燥状態になりますが、このときに体内でトレハロースをたくさんつくって、からだをつくる部品を守っているのです。だから、水をかけると復活できるというわけです。

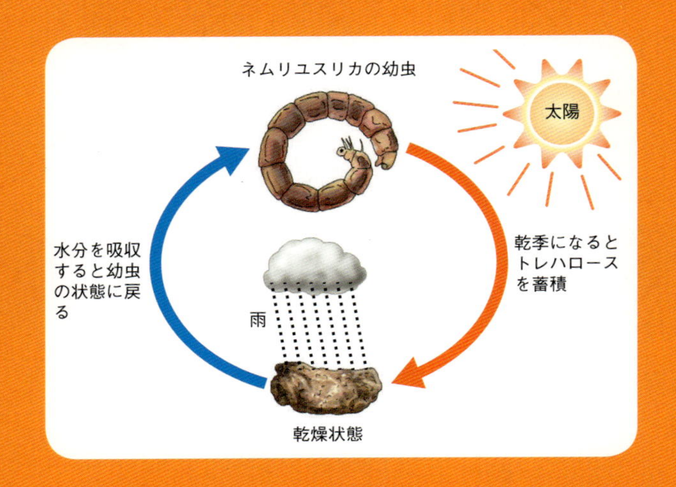

第3章 高山の生き物

高山は地上とくらべて気温が低く、酸素がうすいところです。
地上の生き物とは異なるからだのつくりや
不思議な生態に注目です。

空気がうすくて寒い！

高い山の上が地表よりも気温が低くて空気がうすいのはなぜでしょう。
まずは高山の世界の不思議を学んでいきましょう。

高山の世界を知ろう！

山の上は太陽に近いのになぜ寒くなるの？

日本でいちばん高い山は富士山（標高3776m）です。では、世界でいちばん高い山はどの山でしょう？　答えはヒマラヤ山脈にあるエベレスト（標高 8848m）です。

これらの高い山に登れば、たしかに太陽に近づきます。しかし、地球から太陽の距離はおよそ１億 5000km もあるので、たとえ数千 m 程度近づいてもあまり影響はありません。

では、なぜ山の上は寒いのでしょうか。地球は太陽から熱を受けていますが、太陽の熱が直接空気を暖めているわけではありません。じつは太陽の熱はまず地面を暖めて、その熱で上にある空気を暖めているのです。つまり、地表から離れるほど、熱が伝わらなくなるので、高いところほど気温が低くなるのです。100m 高くなるとおよそ 0.65℃気温が下がるため、標高 3776m ある富士山の山頂は、地表よりも約 25℃気温が下がります。

また、気圧が低くなって空気が膨張することも山の上の気温が下がる原因のひとつです。

山の上はなぜ気圧が低く空気がうすいのか？

気圧とはなんでしょう？　かんたんにいえば空気の重さのことです。空気にも重さがあり、私たちのからだには、空気の重さによる圧力（1 気圧）が常にかかっています。

では、地表から上空まで空気が積み重なっているとすると、地表と山の上では空気が軽いのはどちらでしょう？　答えは山の上ですね。山の上のほうが、上に積み重なっている空気が地表よりも少ないので、空気が軽いというわけです。最初に気圧とは空気の重さだといいました。つまり、「空気が軽い」ということはそれだけ「気圧が低い」というわけです。

山の上は気圧が低いだけでなく空気がうすくなります。エベレストの山頂など、標高 8000m 付近の空気は地表の３分の１くらい

山の上のほうが上にある空気が少ないので気圧が低くなる。

世界の屋根と呼ばれるヒマラヤ山脈。

しかありません。

このように山の上の空気がうすくなるのは地球の引力が原因です。引力とは地球が人やものを引きつける力のことです。山の上などの高いところでは、地球の引力が弱くなってしまうので、たくさんの空気を引きつけておくことができません。そのため、地表よりも空気がうすくなるのです。

高山にすむ生き物たちの特徴

寒くて空気のうすい高山にすむ動物は、地表で暮らす動物とはからだのつくりが違います。

たとえばヒマラヤ山脈などの高地にすむヤクという動物がいます。ヤクはウシのなかまですが、地表にいるふつうのウシとは違い、冷たい風や吹雪から身を守れるように長い毛が生えています。また、心臓と肺が大きいので、空気がうすくてもからだに酸素をたくさん取りこむことができるのです。

高山では、ヤクのように環境に適応できる特殊な能力が必要です。ほかの生き物たちはどんな能力をもっているのでしょうか。次のページから見ていきましょう。

荷物を運ぶヤク。ヒマラヤなどでは登山者の荷物を運ぶ役割を担う。

01
ビクーニャ
富士山より高い山の上で全力疾走できる！
高いところで
元気な秘密は
平らな赤血球

ビクーニャは５～10頭ほどの群れをつくって生活している。

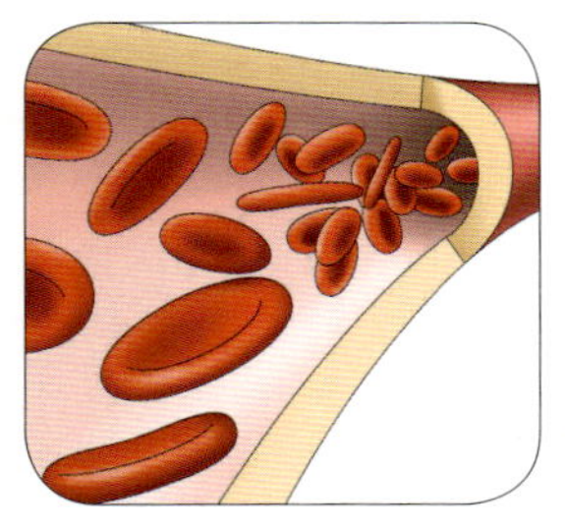

ビクーニャの赤血球は平らなだ円形をしているので、たくさんの酸素を運ぶことができる。

ビクーニャ	
鯨偶蹄目ラクダ科ビクーニャ属	
学名	*Vicugna vicugna*
体長	約 1.9m
生息場所	南アメリカ・アンデス山脈の標高 3000 ～ 5800m

南米にあるアンデス山脈は、いちばん高いところでは6000mをこえる世界有数の山脈です。ビクーニャは、そんなアンデス山脈の高山地帯にすんでいます。

標高5500mにもなると地表の半分ほどしか酸素がなくなります。酸素がうすいと、ちょっと動いただけでも息が切れてしまいますが、ビクーニャは平気です。

なぜ高い山の上でも元気に動けるかといえば、酸素を運ぶ役目をもつ赤血球が私たちとは違うからです。ビクーニャの赤血球の形は平らで面積が広くなっています。平らな赤血球は、全身にたくさんの酸素を運べるので、高いところでも時速50kmもの速さで走れるのです。

また、ビクーニャの毛は寒さにたえられる強い毛で、日焼けの原因になる紫外線にも強くなっています。また、なかまのアルパカやリャマと同じように、その毛はセーターなどに加工されるほど、保温性にすぐれています。

02

アネハヅル

世界一の山脈ごえに挑む小さなツル

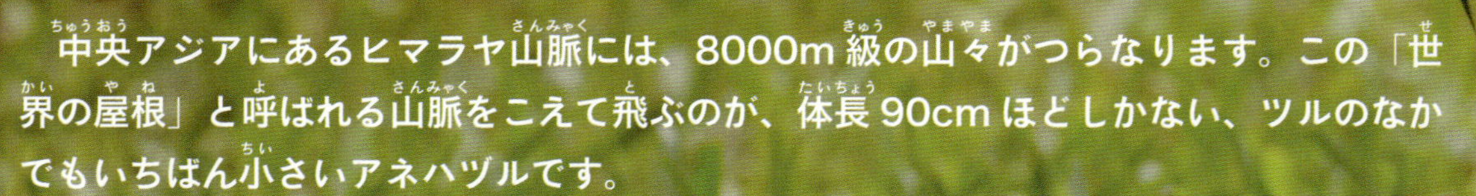

中央アジアにあるヒマラヤ山脈には、8000m級の山々がつらなります。この「世界の屋根」と呼ばれる山脈をこえて飛ぶのが、体長90cmほどしかない、ツルのなかでもいちばん小さいアネハヅルです。

夏の間、シベリアやモンゴルの草原で子育てをしたアネハヅルは、秋になると、エサの多いインドに向けて1000羽近い集団になって飛んでいきます。ヒマラヤ山脈の山頂あたりの気温は－30℃にもなり、酸素は地上の3分の1しかありません。それなのに、生まれて3カ月の子どももいっしょに飛んでいくというから驚きです。

鳥類は肺のほかに「気のう」（58ページ参照）という呼吸を助ける機能をそなえているので、酸素が少なくても動けます。また、アネハヅルは血液のなかの赤血球が特別な形をしているので、たくさんの酸素を取りこめます。ヒマラヤ山脈の手前にくると、下から上に吹き上げる風をうまくキャッチして、一気に山をこえていくのです。

強風をうまく利用してヒマラヤ山脈をこえていくアネハヅルは、現地で「風の鳥」と呼ばれている。

アネハヅル

ツル目ツル科アネハヅル属

学名	*Anthropoides virgo*
体長	約 90cm
生息場所	ユーラシア大陸の温暖な地帯

03 インドガン

自力で9000mまで飛べる驚異の鳥！

インドガンは体長70cmほどの小さな鳥です。インドなどで冬をすごすと、ヒマラヤ山脈のなかでもいちばん高いエベレスト（標高8848m）をこえて、中央アジアで子育てをします。

アネハヅル（48ページ参照）は風を利用してヒマラヤ山脈をこえますが、インドガンは、風の弱い夜に出発して自力でエベレストをこえます。ジャンボジェット機でも飛んでいる高さは10000m程度。9000m近くまで飛ぶインドガンの能力は、驚異的といえるでしょう。

インドガンが空高く飛べる秘密は血液の成分にあります。赤血球が特別なつくりなので、酸素が少ないところでも元気に飛べるのです。

インドガン	
カモ目カモ科マガン属	
学名	*Anser indicus*
体長	約70cm
生息場所	中央アジア、インド、ユーラシア大陸の温暖な地域

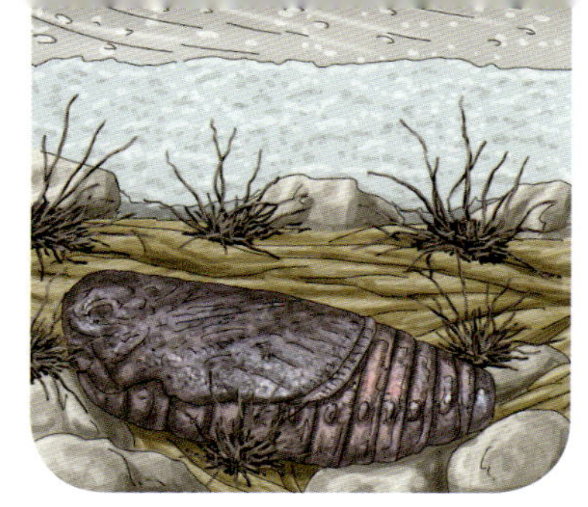

ウスバキチョウのサナギ。草などの間でサナギとなって寒い冬をこえる。

04 ウスバキチョウ

サナギの状態で−30℃の寒さにたえる

シベリアなどにすむウスバキチョウは、日本では北海道の大雪山の頂上近くだけにしかいません。大雪山は夏でも気温が15℃くらいで、9月には冬がはじまるというとても寒いところです。

夏に産みつけられたウスバキチョウの卵は、翌年の6月にようやく卵からかえります。幼虫は草を食べ、日光でからだを温めながら成長します。短い夏が終わると、幼虫は二度目の冬をこすためにサナギになります。サナギはなんと気温が−30℃でもたえられます。美しい成虫になるのは次の夏。じつに生まれてから3年後です。成虫になったあとは、つがいになる相手を探して飛び回ります。

きびしい冬を二度たえて美しい成虫に！

ウスバキチョウ	
鱗翅目アゲハチョウ科ウスバシロチョウ属	
学名	*Parnassius eversmanni*
体長	約6cm
生息場所	シベリア、アラスカ、北海道・大雪山の標高1800〜2200m

セイタカダイオウ

タデ目タデ科ダイオウ属

学名	*Rheum nobile*
高さ	成長すると約 150cm
花期	夏
生息場所	ヒマラヤ山脈東部（インドシッキム地方、ネパール、チベット、ブータン）の 4500m の高山

05 セイタカダイオウ

葉っぱの温室で寒さから花を守る！

半透明の葉で包まれた温室のなかに、稲穂のような花をたくさんつける。

セイタカダイオウはヒマラヤ山脈の標高4500mほどのところに生えています。高山ではめずらしく大きく成長する植物で、大きいものは150cmくらいになります。

セイタカダイオウが生えているあたりは、7月にやっと雪がとけても、9月にはもう初雪となる寒さがきびしい地帯です。そのため、セイタカダイオウは、短い夏の間に少しずつ成長していくので、花が咲くまでに7～8年もかかります。

寒さから花と種を守るため、茎は葉っぱでおおわれています。半透明の葉っぱは、太陽の光をとおして熱をためこむので、外の気温が10℃くらいであっても、晴れていれば葉っぱのなかは30℃くらいになります。

いよいよ花を咲かせると、一気に茎をのばして何千個もの種を実らせます。その後、セイタカダイオウは役割を終えたように枯れてしまいますが、新しく芽を出した子どもたちは、再び長い年月をかけて成長していきます。

06 ギンケンソウ

銀のつるぎのような葉っぱが特徴！

ハワイといえば青い海が広がるリゾート地をイメージしますが、ハワイ島のマウナケア山（標高4205m）やマウイ島のハレアカラ山（標高3055m）などの山も有名です。そんなハワイの高山地帯には、ギンケンソウという植物が生えています。温暖なハワイでも、山の上は寒く、強い風も吹いているので、ボールのようにびっしりとついた葉っぱで寒さから身を守っています。

英語名はシルバーソード、漢字では「銀剣草」と書きます。その名のとおり、葉っぱは細長くとがり、銀色に輝いていますが、葉っぱが銀色というわけではありません。葉っぱの表面に、半透明のうぶ毛のような毛が生えているので、銀色に見えるのです。

この毛には紫外線をガードする役割もあります。空気がうすい高山は紫外線が強く、日焼けすると葉っぱが枯れてしまうので、植物といえども紫外線対策なしでは生きていられないのです。

ギンケンソウの花。何年もかかって花を咲かせて種子をつけたあとは枯れてしまう。

銀のうぶ毛で
紫外線を
ガード！

ギンケンソウ	
キク目キク科ギンケンソウ属	
学名	*Argyroxiphium sandwicense*
花期	夏
生息場所	ハワイ島、マウイ島の2600～3800mの高山

07

ジャイアントセネシオ

葉っぱのコートで寒さにたえる！

ジャイアントセネシオ	
キク目キク科	
学名	*Dendrosenecio kilimanjari*
生息場所	アフリカの キリマンジャロ山 4000m の高原

アフリカでいちばん高い山、キリマンジャロの標高4000m あたりには、ほとんど雨が降らない高山砂漠が広がっています。そんな土地で最大 5m ほどの高さに成長する植物がジャイアントセネシオです。なんとも不思議な外見をしていますが、キクのなかまです。

このあたりは、昼間は暖かいものの、夜は－ 10℃くらいまで気温が下がります。そこでジャイアントセネシオは、枯れた葉っぱを幹につけて、寒さから身を守っています。植物は先端から成長するので、ジャイアントセネシオはてっぺんに若い葉っぱを集中させて、大事な部分を温めているのです。

夜は葉っぱをとじてガードを固めて熱を逃さないようにしている。

08

ジャイアントロベリア

ケニアの高山で独特な進化をした植物！

ケニアは赤道がとおる暑い国ですが、高い山の上には氷河が残っています。ケニア山の標高3000m付近に生えるジャイアントロベリアは、10mほどの高さに成長する草のなかまです。葉っぱがたくさん生えた太い茎のなかに50ℓもの水をためています。

夜、気温が下がってくると、茎のなかの水は凍りはじめます。ふつう、植物は凍ると枯れてしまいますが、ジャイアントロベリアにはそうならない秘密があります。じつは、水が氷になるときに発生する熱（潜熱）を利用します。凍るときに出るエネルギーを使って、体温が下がらないようにしているのです。

水が氷になるときに発生する熱を使って体温を保っている。

ジャイアントロベリア	
キキョウ目キキョウ科ミゾカクシ属	
学名	*Lobelia deckenii*
高さ	数m～10m
生息場所	アフリカのケニア山やルウェンゾリ山の標高3000m以上

ヒマラヤごえをする鳥類の特殊な肺とヒトなどほ乳類の肺はどう違うか？

アネハヅルやインドガンが、酸素のうすいヒマラヤ山脈をこえられる秘密のひとつに、鳥類がもつ特殊な肺があります。鳥類の肺はヒトの肺よりも、効率よく酸素を取りこむことができるのです。

鳥の肺には気のうというポンプの役目をもった袋が９つあります。体内に取りこんだ空気はまず、後気のうに入って肺に送られます。次に、肺で酸素と二酸化炭素が交換され、最後に、二酸化炭素が前気のうをとおってはき出されるしくみになっています。吸うときもはくときも、空気の流れは一方通行です。

いっぽう、ヒトなどほ乳類の肺は、取りこんだ空気を肺に送って二酸化炭素と交換してはき出すまでを、肺胞というところだけで行っています。吸った酸素とはき出す二酸化炭素が肺で混ざってしまうので、むだになってしまう空気もあります。しかし、気のうがある鳥類の肺のシステムなら、むだになる空気はほとんどありません。

さらに、鳥類の肺では気のうが分担して仕事をしているのに対して、ほ乳類は肺胞にたくさんの仕事をさせています。ほ乳類の肺は仕事が多いので、壊れやすいのも弱点です。気のうはうすい膜でできていて、なかは空気なのでからだを軽くすることにも役立ちます。このように、肺のつくりが効率的なので、酸素のうすい高いところでも飛べるのです。

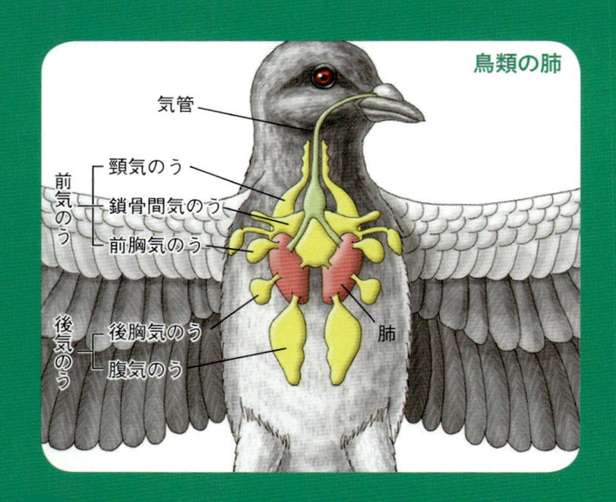

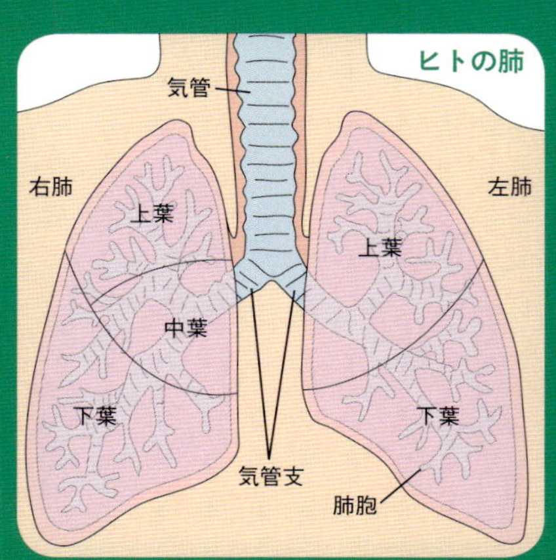

第4章

深海の生き物

水温が低くて暗く、強い圧力がかかる深海は、
私たちが知っている海とは別世界。そこにすむ生き物も
ミステリアスなものばかりです。

まだまだ知らないことだらけ！

深い海の底は調査がむずかしいので、まだわかっていないことがたくさんあります。いったいどんな世界が広がっているのでしょうか。

深海の世界を知ろう!

深海ってどんなところ？

深海とは、だいたい水深200mよりも深い海をいいます。地球の表面の約70％は海で、じつはそのほとんどが深海です。世界でいちばん深いところは、日本の南、太平洋西部のマリアナ海溝で約1万900m。世界一高い山のエベレスト（8848m）がすっぽりもぐってしまうという驚くべき深さです。

海の浅い部分は、太陽の光が届くので、海草や植物プランクトンが育つくらいの明るさがありますが、水深200mにもなると、ほとんど光のない暗闇の世界です。水の温度も深くなるにつれて、どんどん下がっていきます。温暖な気候の地域の海の場合、水深1000mでおよそ5℃、水深2000～3000mで4℃以下になります。意外なことに水深2000mをこえると、ハワイでも、北極や南極の海でも同じような温度になります。

深海の調査をはばむ水圧とは？

深海の調査は、1872年、イギリスの海洋調査船「チャレンジャー号」による地形調査からはじまりましたが、それから約150年たっても、まだまだわからないことがたくさんあります。

海のなかでは水圧という、水の重さの圧力を受けるので、深いところまでもぐるのはかんたんではありません。地表では空気から1気圧の圧力を受けていますが、私たちのからだはそれを感じないつくりになっているので、とくに困ることはありません。ところが、海のなかでは気圧に加え、水圧もかかります。水圧は10mもぐるごとに1気圧増えるので、深海では大きな圧力がかかります。そのため、深くもぐるには高度な技術が必要なのです。

現在、日本には6500mの深さまでもぐれる世界トップクラスの有人潜水調査船「しんかい6500」があります。日本だけでなく世界の深海調査に大きく貢献しています。

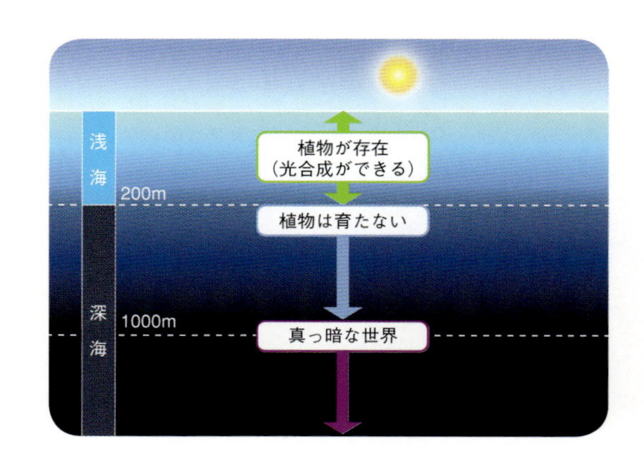

世界の深海で活躍する「しんかい 6500」。じょうぶなチタン合金でできている。

深海にすむ生き物の特徴

生き物が少ない深海では、エサを確保するのが大変です。そのため、一度にたくさんのエサを食べたり、自分よりも大きい相手を食べたりできるように、大きな口をもつものがたくさんいます。メガマウスザメやオニボウズギスなどがこのタイプです。また、チョウチンアンコウのように光を放ってエサをおびきよせるものや、ダイオウイカなどのように巨大なものが多いのも特徴的です。

海底火山の活動の影響から 400℃にもなる熱水が噴き出す熱水噴出孔という割れ目に、たくさんの生き物が集まるという特徴もあります。じつは、ここから噴き出す熱水には、硫化水素などの人間にとっては有害な成分が含まれていますが、深海の生き物たちは、これらを栄養分に変えることができるバクテリアを栄養源としているのです。熱水噴出孔に集まる生き物を「熱水噴出孔生物群集」といいます。

熱水噴出孔だけでなく海底にしずんだクジラの死体の骨にも硫化水素が発生するため、熱水噴出孔と同じように生き物が集まってきます。これらは「鯨骨生物群集」といいます。

メガマウスザメのはく製。

写真提供：鳥羽水族館

01 ウロコフネタマガイ

バクテリアがつくるよろいで身を守る！

海底火山から噴き出す熱水がポイント！

ウロコフネタマガイ	
ネオンファルス目ネオンファルス科	
別名	スケーリーフット
学名	*Chrysomallon squamiferum*
殻の高さ	3～5cm
生息場所	インド洋の水深 2450m、中央インド洋海嶺のロドリゲス三重点近くにある「かいれいフィールド」など

ウロコフネタマガイは、2001年にインド洋の水深2450mの海底火山で見つかった新種の巻き貝です。足にウロコがあるので「スケーリーフット（ウロコ状の足）」という別名もあります。

このウロコは、硫化鉄という金属でできていて、バクテリアがすみついています。このバクテリアが海底から吹き出す熱水に含まれるイオウと鉄を材料に、ウロコをつくっているのです。

硫化鉄は酸素が多いとすぐにサビつくので、ウロコフネタマガイが少しでも熱水の近くから離れると、赤茶色に色が変わってしまいます。

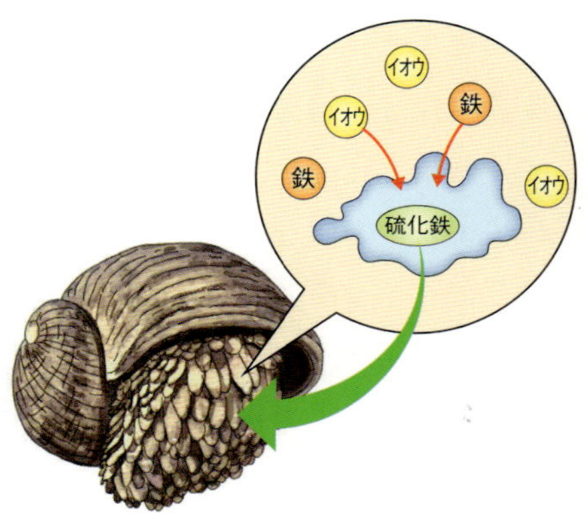

バクテリアは熱水噴出孔からふき出す熱水のなかから、イオウと鉄を取り出して、硫化鉄を合成している。

02 ゴエモンコシオリエビ

胸で育てたバクテリアを食べる！

ゴエモンコシオリエビがすむ沖縄トラフは、300万年ほど前に陸だったところが海にしずんでくぼみになったところです。もともと浅い海にいたゴエモンコシオリエビも、地面といっしょに海にしずんでしまったので、深海で暮らせるように進化しました。

胸に生えているかたい毛に、海底火山から吹き出す熱水のなかの硫化水素を食べて増えるバクテリアを飼って、エサにしています。熱水の近くいるとゆでエビになってしまいそうですが、熱水が出る穴からたった10cm遠ざかれば、水の温度は4℃ほどの冷たい海なのです。

ゴエモンコシオリエビは、ハサミを器用に使ってお腹で育てたバクテリアを食べます。

釜ゆでにされた石川五右衛門が名前の由来！

ゴエモンコシオリエビ	
十脚目シンカイコシオリエビ科	
学名	*Shinkaia crosnieri*
体長	1～6cm
生息場所	沖縄トラフの水深700～1600m付近にある熱水噴出孔

03

シロウリガイ

メタンガスのおかげで生きていける!?

海底にはメタンというガスを含む地下水がわき出る湧水域というところがあります。ここもバクテリアのすみかになっているので、それをエサにするシロウリガイという貝がすんでいます。

シロウリガイは、海底に何万年もかけてたまった泥にからだを半分うめて、大群で並んでいる大きな貝です。エラの細胞にバクテリアをすまわせ、そのバクテリアがつくる有機物を栄養分としています。そのため、消化をする必要がないので、胃や腸は退化してはたらかなくなってしまいましたが、バクテリアがつくる栄養だけで 30cm の大きさに成長するものもあります。

海底の泥の下には、魚の死がいがうまっていて、地熱やそこにすむバクテリアによってメタンが発生する。

シロウリガイ	
異歯目オトヒメハマグリ科	
学名	*Calyptogena soyoae*
体長	殻の長さ約 11cm
生息場所	水深 200 ～ 6800m のメタンが発生する湧水域、熱水噴出孔、日本では相模湾で見られます

04 チューブワーム

毒ガスだらけでも繁栄できる特別な血液

白くてかたい管（チューブ）の先に赤いエラをもつ生き物がチューブワームです。大きいもので 3m にもなるこの奇妙な生き物も、熱水噴出孔のまわりにすんでいます。チューブワームは、口も胃腸も肛門もない「ものを食べない動物」です。栄養は体内にすまわせているバクテリアからもらっています。

熱水噴出孔から吹き出る硫化水素は、血液のなかの酸素を運ぶ役割をもつ赤血球とくっつきやすく、私たちが吸い込むと呼吸ができなくなります。しかし、チューブワームは、硫化水素が濃い環境でも酸素を十分取りこめる特別な血液をもっているから平気なのです。

チューブのなかのトロフォソームでバクテリアを養う。エラから取りこんだ硫化水素を与えるかわりに、バクテリアから栄養を吸収している。

チューブワーム	
ケヤリムシ目シボグリヌム科の十数種	
一般名	ハオリムシ（羽織虫）
学名(属名)	*Lamellibrachia*、*Riftia* など
体長	1 ～ 3m
生息場所	太平洋の海底火山やメタン湧出帯

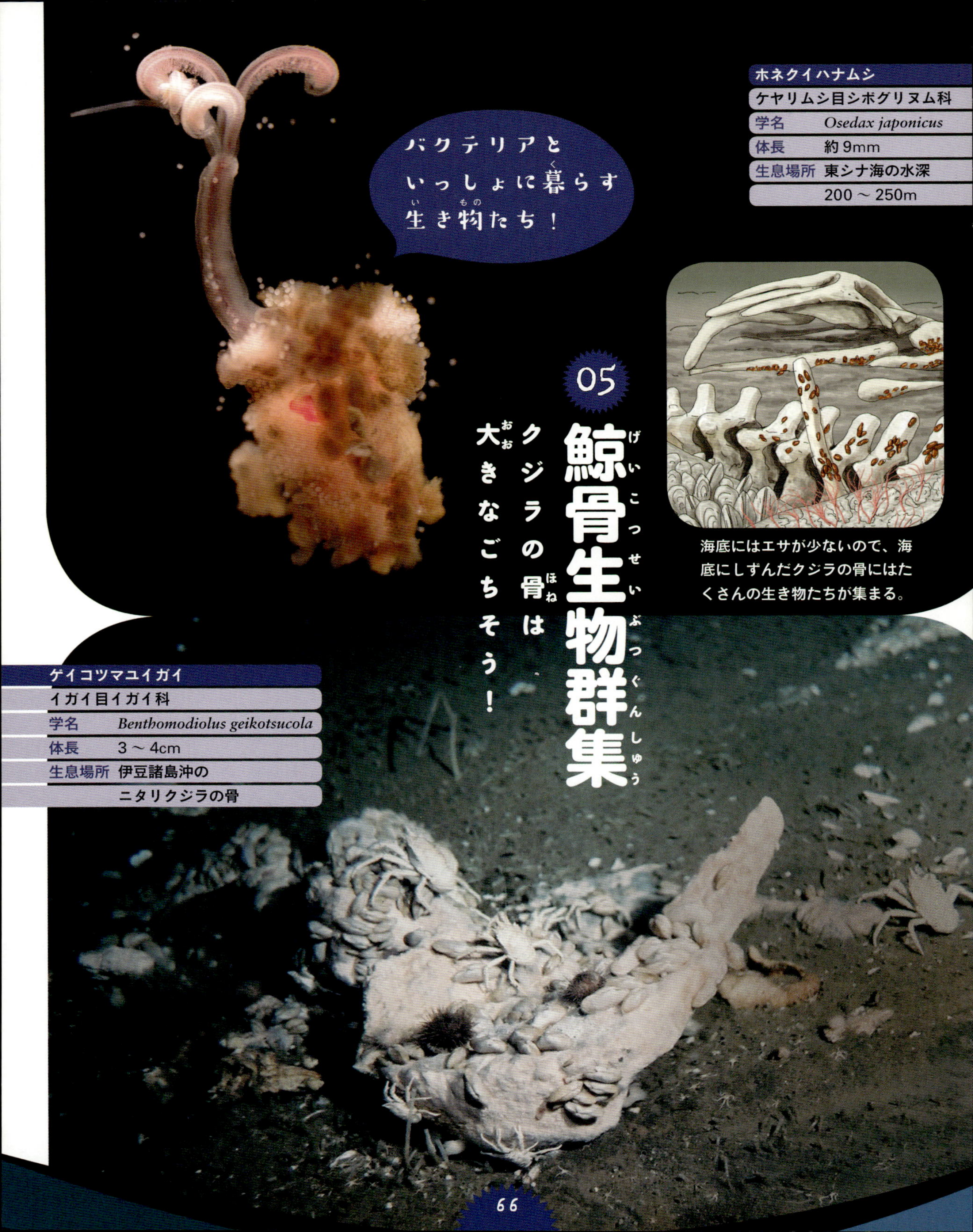
バクテリアと
いっしょに暮らす
生き物たち！
ホネクイハナムシ
ケヤリムシ目シボグリヌム科
学名 Osedax japonicus
体長 約9mm
生息場所 東シナ海の水深
200～250m
05
鯨骨生物群集
クジラの骨は
大きなごちそう！
海底にはエサが少ないので、海底にしずんだクジラの骨にはたくさんの生き物たちが集まる。
ケイコツマユイガイ
イガイ目イガイ科
学名 Benthomodiolus geikotsucola
体長 3～4cm
生息場所 伊豆諸島沖の
ニタリクジラの骨

クジラは、海のなかで一生を終えると、死がいは海の底へしずんでいきます。肉は途中でほかの生き物に食べられてしまうので、海底にたどりつくのは骨だけ。それから 100 年近くの時間をかけて、骨はゆっくりとくさっていきます。骨がくさるときに出るメタンや硫化水素をエサにしてバクテリアが増え、さらにバクテリアをエサにする生き物が集まります。このようにクジラの骨に集まる生き物たちを、鯨骨生物群集といいます。

大きさ 1cm にも満たないホネクイハナムシは、クジラの骨に穴をあけて根を張ります。長くのびた赤いエラが、花のように見えるので、ホネクイハナムシといいます。あっという間に子どもが生まれるので、数カ月のうちに、骨はホネクイハナムシで埋めつくされて真っ赤になります。ほかにも、ゲイコツマユイガイという 3 ～ 4cm くらいの貝や、シンカイヒバリガイという 10cm くらいの貝も集まってきます。

強力なアゴと歯で
何でも食べる
海のそうじ屋さん

06 ダイオウグソクムシ

深海にすむ世界最大のダンゴムシ！

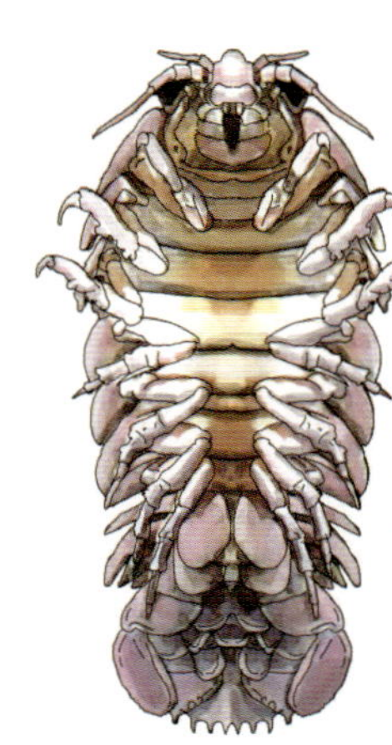

エビやカニの足（歩脚）が5対なのに対し、ダイオウグソクムシは7対（14本）もある。

ダイオウグソクムシ	
等脚目スナホリムシ科オオグソクムシ属	
学名	*Bathynomus giganteus*
体長	30 ～ 40cm
生息場所	太平洋、メキシコ湾、大西洋、インド洋の水深200 ～ 2000m

ダイオウグソクムシは、大きいもので約50cm、重さ約2kgにもなる、巨大なダンゴムシのなかまです。日本で見つかるのはオオグソクムシといって、大きさは12～30cmくらいなので、ダイオウグソクムシの大きさはまさに「大王」です。グソクとは、かぶとやよろいの意味で、その名のとおり、武将のよろいのような固いこうらをもっています。

ダイオウグソクムシはエサの少ない深海にすんでいるので、たまに死んだ魚やクジラがしずんでくると、においをかぎつけて、あっという間に食べてしまいます。とはいっても、深海にエサがあることはめずらしいので、1カ月くらいは何も食べなくても生きていられます。アゴと歯がとても強いダイオウグソクムシは、生きているサメの皮をかみちぎることもあるくらい、何でも食べてしまいます。なかま同士でケンカすることも多く、とても凶暴です。

07 タカアシガニ

ギネスブックにのった世界最大のカニ！

タカアシガニ	
十脚目クモガニ科	
学名	*Macrocheira kaempferi*
体長	足を広げると約 3m、こうらは 40cm ほど
生息場所	岩手県から台湾に至る太平洋の水深 200 〜 300m

タカアシガニは赤茶色に白いまだら模様の細長い足をもった、世界最大のカニです。足を広げると、その大きさはなんと 3m もあります。ずっと昔から姿が変わっていないので、生きた化石といわれています。

大きくて敵が少ないタカアシガニも、小さいときは敵におそわれる危険があります。そこで、こうらに毛を生やして海藻を引っかけて身を隠すという工夫をしています。

日本では神奈川県や静岡県の海でとれることがあり、蒸したタカアシガニを食べられるところもあります。

成長したタカアシガニが足を広げたときの大きさは 3m ほどにもなる。

ナガヅエエソ

長いヒレを三脚のように使ってじっと立つ

ナガヅエエソは、長くのびた２本の腹ビレと尾ビレを海底に立ててからだを支えている不思議な魚です。３本のヒレで高さをつくる姿がカメラの三脚のようなので、三脚魚ともよばれます。

真っ暗な深海では目が必要ないので、ナガヅエエソはものを見ることはできません。そのかわり、長くなった胸ビレが、少し水がゆれただけでもわかるほど、敏感なアンテナとなっています。

海底では底よりも少し上のほうが、海流が速くなっています。多くの魚が海底を移動するので、少し高い位置にいるナガヅエエソは、速い海流を利用して効率よくエサを捕まえられます。

海底にじっと立ち、胸ビレのアンテナで水の振動を感知してエサを捕らえる。

ナガヅエエソ	
ヒメ目チョウチンハダカ科イトヒキイワシ属	
学名	*Bathypterois guentheri*
体長	20cm 前後
生息場所	太平洋、インド洋の水深 600 ～ 1000m の海底

09

ヌタウナギ

5億年前に誕生した原始的な種族！

ヌタウナギ	
ヌタウナギ目ヌタウナギ科	
学名	*Eptatretus burgeri*
英語名	Hagfish
体長	60 〜 80cm
生息場所	大陸棚の海底、水深数百〜 1000m

およそ５億年前に誕生した魚の祖先的な種類のひとつで、骨もあごもない、とても単純なつくりの魚です。ウナギといっても、私たちが食べているウナギとはまったく違う種類です。

目が見えませんが、鼻がよくきくので、死んだ魚やクジラのにおいをかぎつけてエサにします。また、硬い骨がなく、からだを自在に曲げられるので、せまいところにあるエサも逃しません。

ヌタウナギの「ヌタ」とはネバネバした液体のことです。敵におそわれると、大量のヌタをからだから出して、相手を窒息させることができます。このヌタにはサメも降参してしまいます。

ヌタウナギ１匹が出すヌタは、バケツ１杯分の水がブヨブヨになるほどの威力がある。

10

リュウグウノツカイ

人魚のモデルになったという生きる伝説

リュウグウノツカイ	
アカマンボウ目リュウグウノツカイ科	
学名	*Regalecus* の一種
体長	5 ～ 8m、最大で 10m 超
生息場所	水深 200 ～ 1000m で 世界中の海に広く分布

平たいからだを
斜めに傾けて
立つように泳ぐ！

日本における人魚伝説のモデルになったというリュウグウノツカイは、たてがみのように長い背ビレがたなびく、幻想的な姿をしています。左右から押しつぶされたように平たいからだにはウロコがありません。かろうじて光が届くような深さでくらしているため目が大きく発達しています。

体長はふつう 5 ～ 8m ほどですが、大きいものは 10m 以上にもなり、最大で 272kg のものが見つかっています。硬い骨をもつ魚のなかでは、世界一長いからだをしていますが、オキアミなど、小さな生き物を食べて生きています。

大きなメスと
小さなオスが
一体化!?

11

ヒレナガチョウチンアンコウ

おどろおどろしい姿をした深海の悪魔！

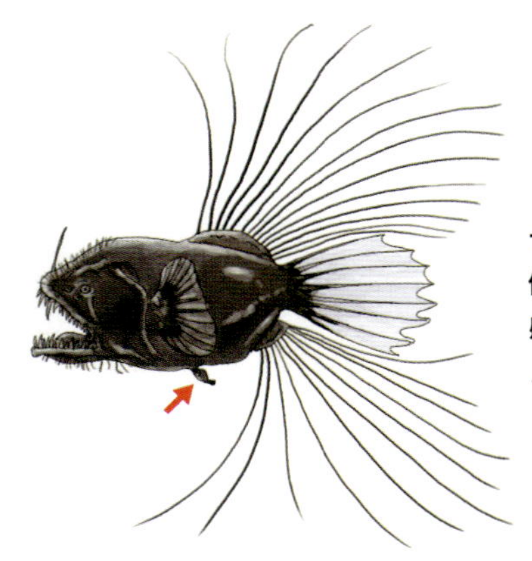

センサーの役割をするヒレは側線器官といい、長いほど高感度になる。赤い矢印の先がメスにくっついたオス。

からだからのびる太い糸のようなヒレと、いかつい顔が特徴のヒレナガチョウチンアンコウは、深さ700～3000mほどのところにすんでいます。

長い背ビレを光らせてエサをおびき寄せるチョウチンアンコウと似ていますが、ヒレナガチョウチンアンコウには光る背ビレがありません。そのかわり、25cmほどのからだから、何本ものびるヒレがセンサーになっていて、エサの接近を知らせてくれます。

ただし、じつはこのようなからだをしているのはすべてメス。オスは2cmくらいしかありません。小さなオスは大きなメスのにおいを探し当てると、お腹にパクッと食いつきます。さらにここからが驚きです。なんとオスはそのまま離れずに、メスと一体化してしまうのです。そのあと、オスは目がだんだん見えなくなり、内臓もなくなってしまいますが、子どもをつくる機能だけは残ります。

ジョルダンヒレナガチョウチンアンコウ	
アンコウ目ヒレナガチョウチンアンコウ科	
学名	*Caulophryne jordani*
体長	約25cm（メス）
生息場所	太平洋、大西洋、インド洋の深さ700～3000m

フクロウナギ	
フウセンウナギ目フクロウナギ科	
学名	*Eurypharynx pelecanoides*
体長	最大で約 1m
生息場所	太平洋、大西洋、インド洋の水深 500 ～ 3000m

12

フクロウナギ、フウセンウナギ

大きな口を開けてエサを飲みこむ！

フクロウナギは口を開けるときにあごをのばすが、フウセンウナギはのど全体がふくらむ。

口だけが大きい奇妙な顔と、だんだん細くなっていくからだが特徴のフクロウナギは、500 ～ 3000m ほどの深海にすんでいます。私たちが食べているニホンウナギと近い種類というのは、この見た目からは想像がつきません。フクロウナギの口がこのように大きいのはあごの骨が発達しているからです。小さい魚やエビのような生き物を口に入れると一気に飲みこみ、あとから海水だけを器用にはき出します。

同じく大きな口をもつフウセンウナギは、2000m より深い海にすんでいます。フウセンウナギはのど全体を広げて口を開けます。胃がのびたり縮んだりするので、自分と同じくらいの大きさの魚も飲みこむことができます。1 ～ 2m もあるからだの尾の先を光らせて、エサをおびきよせていると考えられています。じつは、ウナギはどの種類でも生まれたばかりのときは、透明で平べったい姿をしています。それが、フクロウナギやフウセンウナギのようなからだになるというから驚きです。

ダイオウイカは最大で胴の長さが 5 ～ 6m にもなる巨大なイカで、長い腕も入れたらなんと 18m にもなります。目も大きく、その直径は 30cm もあります。これは生物のなかで最大といわれています。

ダイオウイカがこんなに大きくても深海を泳げるのは、からだをつくる成分に秘密があります。ふつう生き物の体液には塩化ナトリウムが含まれていますが、ダイオウイカの場合は塩化アンモニウムを含んでいます。塩化ナトリウムよりも塩化アンモニウムのほうが軽いので、より多くの浮力を得ることができるのです。ただ、塩化アンモニウムのせいで、ダイオウイカを食べてもアンモニアのにおいがしておいしくありません。

また、深海にはメダマホウズキイカというイカもいます。胴の長さは 35cm くらいでそんなに大きくありませんが、からだのわりに大きな目をもっています。泳ぐときに腕をまとめてあげる「J ポーズ」という姿勢をとります。これはエサや敵を見つけるときに、腕で視界をさえぎらないようにするためです。

13 ダイオウイカ、メダマホウズキイカ

深海のイカは目がでかい！

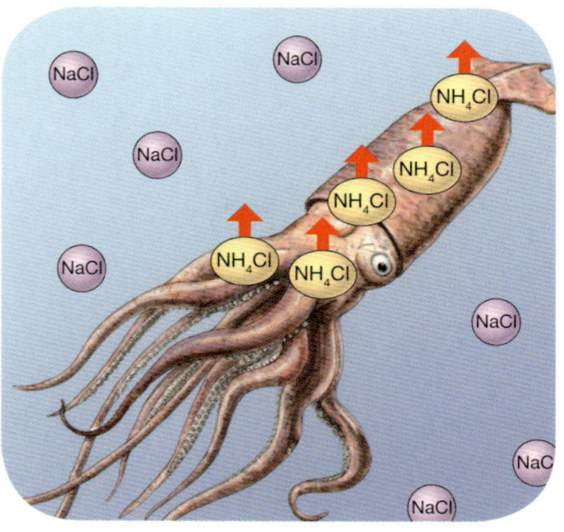

海水に含まれる塩分は塩化ナトリウム（NaCl）だが、ダイオウイカはそれよりも軽い塩化アンモニウム（NH_4Cl）を体内に含んでいるので、海水のなかで浮くことができる。

メダマホウズキイカ	
スルメイカ目（開眼目）	
サメハダホウズキイカ科	
学名	*Teuthowenia megalops*
体長	約 35cm（胴の長さ）
生息場所	大西洋の水深 400 ～ 4500m

深海魚やダイオウホウズキイカなどの大きな目と水深200m～1000mの弱光層

世界一大きいイカであるダイオウホウズキイカのように、深海には目がとても大きい生き物がいます。どうしてこんなに目が大きくなったのでしょうか。

太陽の光がとどかない深海は暗闇の世界です。深さ 200m までもぐると、光の量は海の上の 100 分の 1 になり、海藻や植物プランクトンが生きられなくなります。ここから深さ 1000m までの間は弱い光でも、ある種の生き物はなんとか感じることができます。それで、深海にすむ生き物の一部は、かすかに届く光を取りこもうとしたため、目が大きく進化したのです。メダマホウズキイカやダイオウイカは、真上からあたる太陽の光を逃がさないように、目玉を真上に向けることもできます。

いっぽう、見ることをあきらめた生き物の目は、皮膚に埋もれたり、とても小さくなったりと退化してしまいました。そのかわりに、ヒレをセンサーのようにしてエサをつかまえるなど、目を使わなくても生きられるように進化しているのです。

水深 1000m より深くなると、光が届かなくなるので、効率よくエサをつかまえるために口が大きくなり、おそろしい顔をした生き物が多くなります。

第5章

いろいろなところの生き物

これまで紹介してきた以外にもさまざまな極限環境があります。
第５章では、放射線が強い場所や熱水のなかなど、さらにきびしい
極限環境で生きていける生き物を紹介します。

高濃度の放射線や強い重力、真空なども極限環境に含まれます。このようなきびしい環境でも生きていけるのはどんな生き物でしょうか。

いろいろな極限の世界を知ろう!

強い放射線も極限環境のひとつ

ここまで、北極と南極、砂漠、高山、深海という極限の世界を見てきましたが、これ以外にも極限環境はたくさんあります。いくつか見ていきましょう。

まずは日本で社会問題となっている放射線です。私たちはたくさんの放射線を受ける環境では生きていくことができません。なぜなら、一度に大量の放射線を受けると、血液をつくる器官や皮膚などに問題が起きて、最悪の場合死んでしまうこともあるからです。ですから、放射線を強く受ける環境は極限環境といえます。

じつは私たち日本人は普通に生活しているだけでも、食べ物などから年間平均で約 2.1mSv(ミリシーベルト)の放射線を受けています。このぐらいの量であれば、私たちのからだは修復する能力があるので問題なく生活できます。日本では、年間に受けていい放射線の量を 50mSv と定めています。

ひとりあたりの自然放射線量

宇宙から	約 0.3mSv
大地から	約 0.33mSv
食物から	約 0.99mSv
ラドン等の吸入	約 0.48mSv
合計	約 2.1mSv

出典:放射線医学総合研究所「放射線被ばくの早見図」

※シーベルトとは放射線が人間に与える健康影響を評価するための値

真空と強重力という極限環境

第4章で、深海は水圧が高いので、かんたんにもぐることはできないという話をしました。では、圧力が低い場合はどうでしょう。

気圧が極限まで低くなる環境とは、空気がない状態です。これを真空といいます。宇宙空間はまさにこの真空という状態です。空気がないということは酸素もないので呼吸ができず、私たちは生きていくことができません。

宇宙の話が出たところで、重力はどうでしょうか。地球ではあらゆるものに 1G(ジー)の重力がかかっています。私たちはこれにたえる能力があるので、地球で生活できますが、もし重力がもっと強かったら、生きていくのはむずかしくなるでしょう。

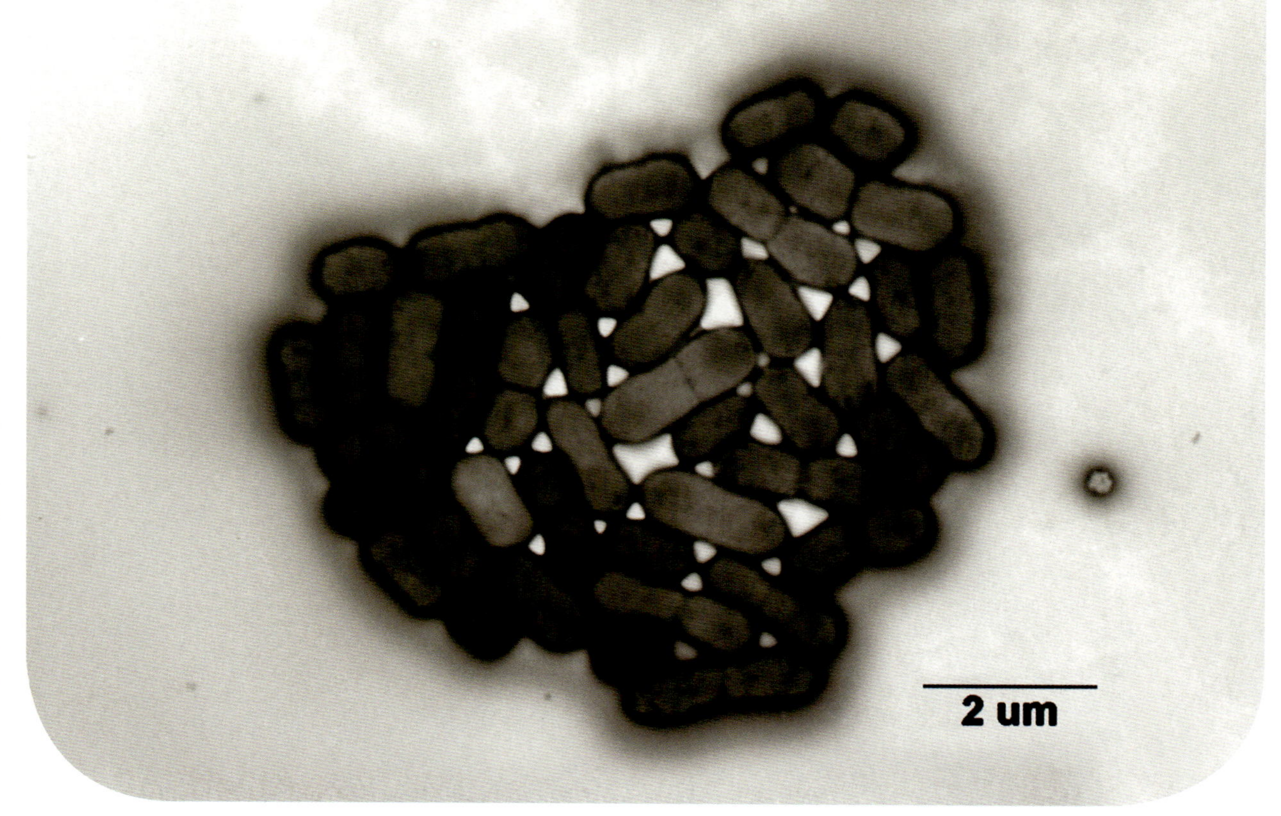

40万Gにも耐えられる細菌、パラコックス・デニトリフィカンス。スケールは2μm（マイクロメートル）

真の極限生物は微生物

　このほかにも、高温や、強い紫外線、高濃度の塩分など、さまざまな極限環境があります。条件がきびしくなれば、ふつうの生き物ではとても生きていけませんが、地球にはこれらに適応できる生き物がいます。それは微生物です。

　微生物とは、顕微鏡で拡大しないと見えない小さな生き物で、おもに、とても小さな真核生物（カビ、酵母など）、バクテリア（細菌）、アーキア（古細菌）のことをいいます。とても小さいのですが、さまざまな極限環境で、信じられないような適応能力をもっています。

　たとえば、大腸菌やパラコックス・デニトリフィカンスという微生物は、なんと40万Gの重力にたえることができます。遊園地にあるジェットコースターに乗ったときにからだにかかる重力は約4G、スペースシャトルの打ち上げのときでさえ約6Gなので、40万Gがいかにすごいかがわかるでしょう。また、大腸菌は圧力にも強く、なんと2万気圧（水深20万m相当）にも耐えることができます。

　このように微生物のなかには、すごい能力をもっているものがいます。次のページからは、そんな微生物たちを紹介していきましょう。

樽の状態なら
どんな環境にも
たえられる!?

オニクマムシ（クマムシ類の代表例として）	
緩歩動物門真クマムシ綱遠爪目オニクマムシ科	
学名	*Milnesium tardigradum*
体長	0.1 ～ 1mm
生息場所	全世界の陸地

01 クマムシ

異次元の耐久力をみせる無敵の樽モード

乾燥して樽の状態になったヨコヅナクマムシ。

クマムシは、道ばたのコケをはじめ、海や山、北極、南極など、いろいろなところにすんでいます。するどいツメをもっていて、ずんぐりしたからだに短い足をモソモソ動かす姿がクマに似ているので、クマムシとよばれています。

クマムシは極限環境になると、からだの水分をほぼ０に減らした「樽」という状態になります。樽のようなただの丸いかたまりになり、呼吸もしませんが、死んではいません。水をかけると元に戻って動き回ります。樽状態になったクマムシはとても強く、150℃に熱せられても、－270℃に冷やされても、アルコールにつけたり、強い圧力をかけても、水をかければもとに戻ります。樽状態で９年生きていたこともあり、なんと宇宙空間で生き残ったものもいます。このように極限環境ではほぼ不死身のクマムシですが、普通の状態なら寿命は１カ月～１年ほど。指でつぶせばすぐに死んでしまいます。

すみかの水が干からびたりすると、乾燥して樽という状態になります。水がかかると再び活動をはじめます。

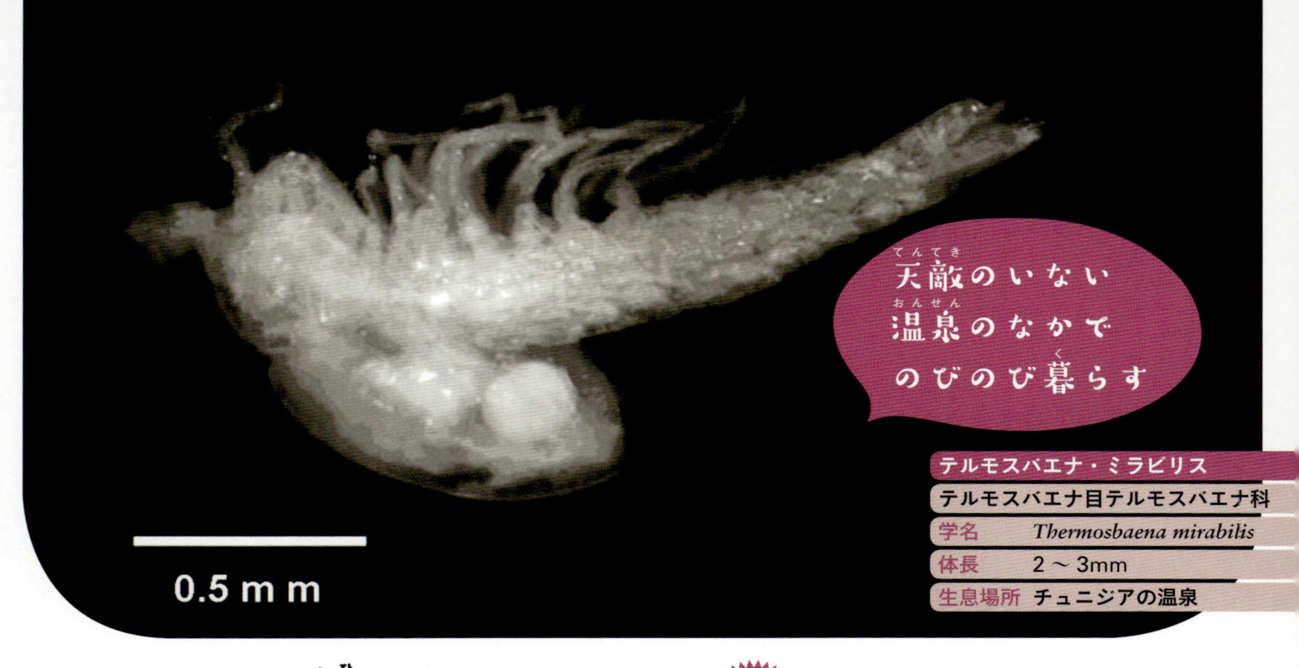

テルモスバエナ・ミラビリス	
テルモスバエナ目テルモスバエナ科	
学名	*Thermosbaena mirabilis*
体長	2～3mm
生息場所	チュニジアの温泉

02

テルモスバエナ・ミラビリス、イデュソコミジンコ

人がつくった温泉にすむ微生物！

テルモスバエナ・ミラビリスは42℃のお湯のなかでも生きていける。

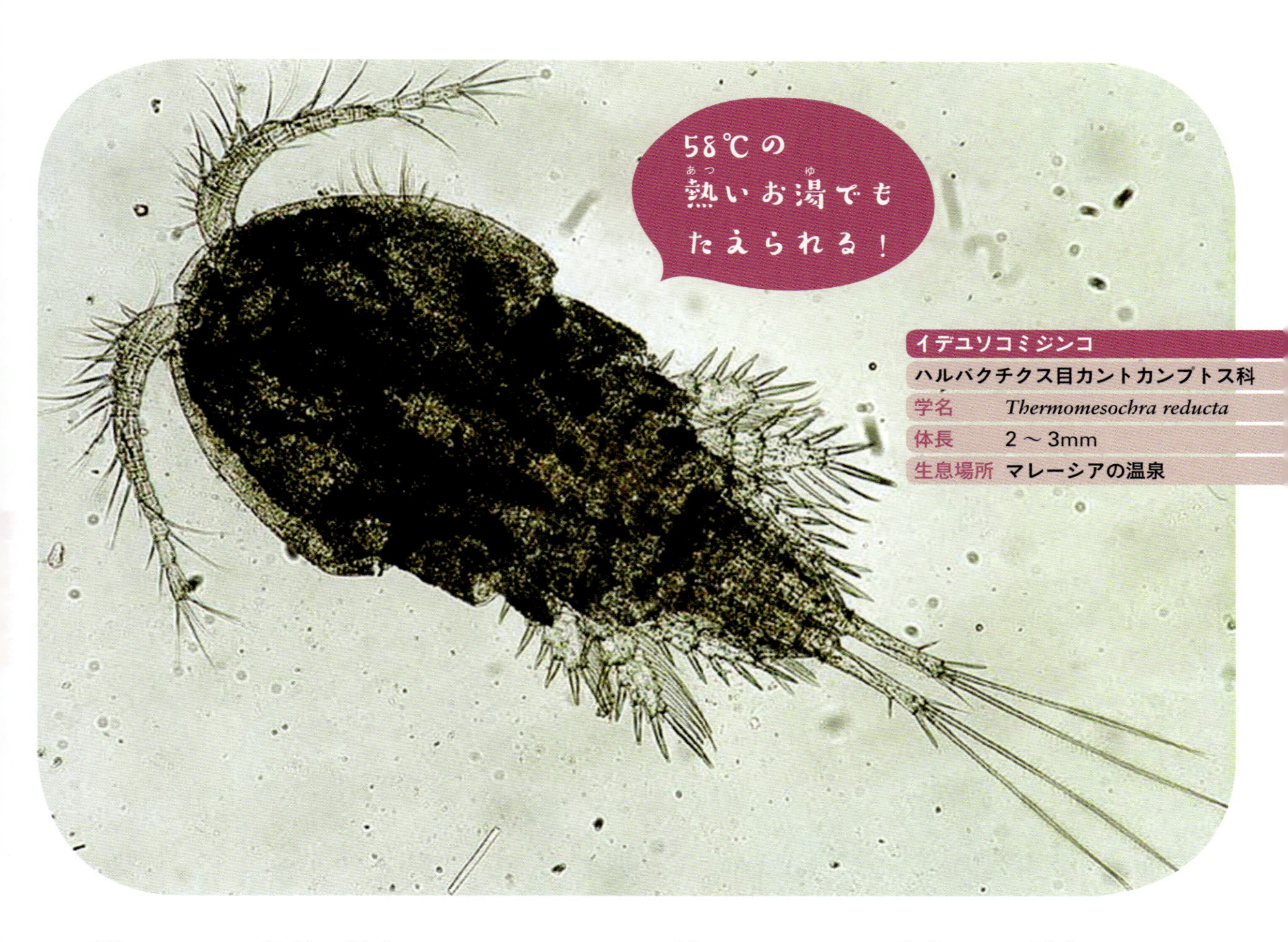

昔、アフリカ大陸の北部にあるチュニジアで、海だったところが干上がって陸地になりました。このとき、陸に取り残されてしまったのが、テルモスバエナ・ミラビリスというエビのなかまです。水がないと生きられないテルモスバエナ・ミラビリスが水場を求めてたどり着いたのは、なんと人間がつくった温泉。お湯の温度は 42℃ほどと熱めですが、水がないよりはマシということで、温泉にすむようになりました。浴そうの岩のすき間にすみ、岩に生えたコケなどを食べています。

マレーシアにも、温泉にすむ生き物がいます。イデユソコミジンコといって、なんと 58℃のお湯のなかでも生きていけます。わたしたちが入るお風呂は 38 ～ 42℃くらいなので、ずいぶん熱い温泉です。

人がつくった温泉のなかは敵がいません。そのため、イデユソコミジンコとテルモスバエナ・ミラビリスは、一度に 7 個程度しか卵を産みませんが、しっかりと子孫を残していけるのです。

03

デイノコックス・ラジオデュランス

地球でもっとも放射線に強い！

デイノコックス・ラジオデュランス	
デイノコックス目デイノコックス科	
学名	*Deinococcus radiodurans*
生息場所	デイノコックス属の菌は 高山、砂漠、温泉、南極など 様々なところに生息する

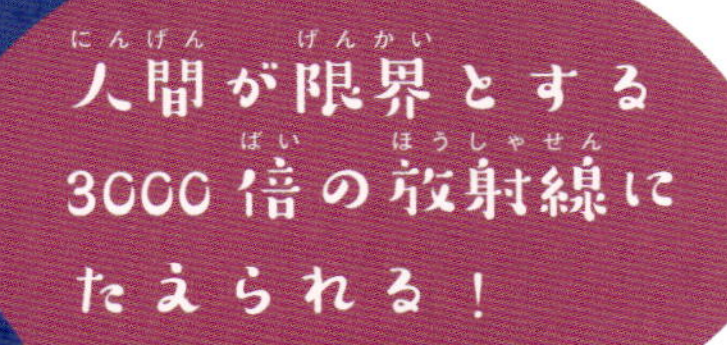

各生物の致死率 100%の急性被ばく量

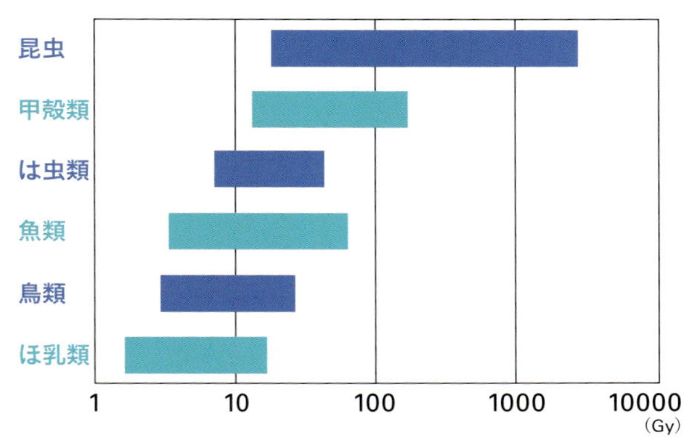

生物によってたえられる放射線量はかなり差がある。ほ乳類のなかのヒトの場合は、およそ5Gy（グレイ）で死亡するといわれている。

※グレイとシーベルトの違い

・グレイは放射線がものに当たったときに与えるエネルギーを表す単位

・シーベルトは放射線がヒトに与える影響を表す単位

アメリカで、食品へ放射線をあてるとどのくらいの菌が死ぬのかをテストしていたときに、しぶとく生き残ったのが、デイノコックス・ラジオデュランスです。日本語にすると「放射線にたえる恐怖の球菌」となり、その名のとおり、とても放射線に強い生き物です。

どのくらい放射線に強いのかというと、人間がたえられる放射線の量の3000倍、1万5000Gy（グレイ）です。クマムシも樽の状態なら放射線には強いですが、デイノコックス・ラジオデュランスはふつうの状態で、クマムシの限界の3倍近くまでたえられます。

放射線がなぜ怖いのかというと、遺伝子を傷つけるからです。遺伝子は、生き物のからだをつくっている設計図のようなものなので、設計図が壊れたら、からだも壊れてしまいます。しかし、デイノコックス・ラジオデュランスは遺伝子が壊れてもすぐに直してしまいます。これが、放射線に強い秘密です。

04

メタノピュルス・カンドレリ

極限環境熱い部門の世界記録保持者！

メタノピュルス・カンドレリ	
ユリアーキオータ門メタノピュルス綱	
メタノピュルス目メタノピュルス科	
学名	*Methanopyrus kandleri*
生息場所	深海の熱水噴出孔

インド洋の深さ 3000m の海底に、熱水が噴き出しているところがあります。そこで見つかったメタノピュルス・カンドレリという細菌は、122℃の熱水のなかでも増えることができます。これは生き物が暮らせる温度の最高記録です。からだをつくるたんぱく質がとても強いので、122℃もの熱にたえられるのです。

地球にいるすべての生き物の祖先は、海底の熱水が噴き出すところで誕生したと考えられています。そこにすんでいるメタノピュルス・カンドレリは、もしかすると生き物のはじまりを解き明かすカギになるかもしれません。

生物のからだをつくるアミノ酸は、高温にさらされると機能しなくなるが、メタノピュルス・カンドレリのたんぱく質は高温でも機能できる。

原油のなかで生きられる生き物がいる!?

アメリカ西海岸に位置するカリフォルニア州ロサンゼルス市内には、油でできた池があります。油の池では、とても生き物が生きていけそうもありませんが、驚くことにセキユバエという昆虫が暮らしています。

このセキユバエというハエのなかまは、幼虫の間だけ、この油の湖で生活し、間違えて油のなかに入って死んでしまったほかの虫を食べて成長します。どうしてセキユバエの幼虫が油のなかで生きていけるのかはまだわかっていませんが、ほかの生き物がすめない油の湖は、幼虫にとっては安全な場所なのです。しかし、大人になったセキユバエは、油の湖では生きられません。成虫になると湖を巣立って近くを飛び回ります。

これまでの常識を破って、油のなかで生きられるセキユバエの存在は、地球以外の星にも生き物がいる可能性を考えるヒントになるといわれています。また、カリブ海のトリニダード・トバゴという島国にあるアスファルトでできたピッチ湖で、微生物を採取したというニュースもあり、新たな極限生物の発見が期待されています。

セキユバエの幼虫。

セキユバエの成虫。体長は約 2mm。

参考文献　『死なないやつら』長沼 毅（講談社）
『極限生物摩訶ふしぎ図鑑』北村雄一（保育社）
『極限世界のいきものたち』横山雅司（彩図社）
『深海魚摩訶ふしぎ図鑑』北村雄一（保育社）
『極限世界の生き物図鑑』長沼 毅 監修（PHP 研究所）
『深海のとっても変わった生きもの』藤原義弘（幻冬舎）
『生命はどこから来たのか？ アストロバイオロジー入門』松井孝典（文藝春秋）
『生命はなぜ生まれたのか 地球生物の起源の謎に迫る』高井 研（幻冬舎）
『深海の不思議』瀧澤美奈子（日本実業出版社）
『北極と南極の 100 の不思議』神沼克伊（東京書籍）
『南極大陸のふしぎ（子供の科学★サイエンスブックス）』武田康男（誠文堂新光社）
『南極ってどんなところ？』国立極地研究所、柴田鉄治、中山由美（朝日新聞社）
『地形の大研究』日本地質学会 監修（PHP 研究所）
『砂漠の大研究』片平 孝、岡 秀一 監修（PHP 研究所）
『NHK 子ども科学電話相談スペシャル どうして？なるほど！地球・宇宙のなぞ 99』
NHKラジオセンター「子ども科学電話相談」制作班 編（NHK 出版）
『たのしく学ぼうお天気の学校 12 ヶ月』池田洋人（東京堂出版）
『深海の不思議な生物（子供の科学★サイエンスブックス）』藤倉克則 監修（誠文堂新光社）
『深海にひめられた地球の真実』瀧澤美奈子（旺文社）
『深海探検（洋泉社 MOOK）』（洋泉社）
『潜水調査船が観た深海生物』藤倉克則・奥谷喬司・丸山 正 編著（東海大学出版会）

参考ウェブサイト　日本科学未来館科学コミュニケーターブログ：http://blog.miraikan.jst.go.jp/
海洋研究開発機構（JAMSTEC）：http://www.jamstec.go.jp/j/
Proceedings of the National Academy of Sciences of the United States of America：http://www.pnas.org/
キッズ日本海学 http://www.nihonkaigaku.org/kids/secret/ocean.html
学研キッズネット：http://kids.gakken.co.jp/index.html
なんきょくキッズ（環境省）：https://www.env.go.jp/nature/nankyoku/kankyohogo/nankyoku_kids/index.html
鳥取大学乾燥地研究センター：http://www.alrc.tottori-u.ac.jp/
国際海洋環境情報センター：http://www.godac.jp/
放射線医学総合研究所：http://www.nirs.go.jp/index.shtml
ペンギン・スタイル：http://www.penguin-style.com/

写真提供 © David Wrobel / Visuals Unlimited, Inc. / amanaimages：カバー表（右上）、P64、P68
© MINDEN PICTURES / amanaimages：カバー表（左上）、カバー裏（左上）、P36、P41、P46
© Steven David Miller / NaturePL / amanaimages：カバー表（右下）、P28
© Nature Picture Library / Nature Production / amanaimages：カバー表（左下）、P16、P74、P76
© okuda minoru / Nature Production / amanaimages：カバー裏（右上）、P51
© Tom McHugh / amanaimages：カバー裏（右下）、P38
© Matthijs Kuijpers / Nature Production / amanaimages：カバー裏（左下）、P40
© Frans Lanting / amanaimages：P2
© Doug Allan / NaturePL / amanaimages：P10（上）
© SCIENCE PHOTO LIBRARY / amanaimages：P10（下）、P88
© yasumasa kobayashi / Nature Production / amanaimages：P12
© Rob Reijnen / Minden Pictures / amanaimages：P14、P92（右）
© Jenny E. Ross / Corbis / amanaimages：P18
© Flip Nicklin / amanaimages：P19
© Michael & Patricia Fogden / CORBIS / amanaimages：P26、P92（左）
© Solvin Zankl / Visuals Unlimited, Inc. / amanaimages：P31
© Jami Tarris / Corbis / amanaimages：P32
© Minden Pictures / Nature Production / amanaimages：P33、P77
© NHPA / Photoshot / amanaimages：P37
© J. Ritterbach / F1 Online / Corbis / amanaimages：P48
© Markus Varesvuo / NaturePL / amanaimages：P50
© Keith Rushforth / FLPA / amanaimages：P52、P93（上）
© Ralph C. Eagle, Jr. / Science Source / amanaimages：P54
© Ron Dahlquist / Corbis / amanaimages：P55
© Enrique Lopez-Tapia / NaturePL / amanaimages：P56、P57
© David Shale / NaturePL / amanaimages：P62、P79
© Woods Hole Oceanographic Institution / Visuals Unlimited, Inc. / amanaimages：P65
© Natural History Museum, London / amanaimages：P66（上）
© Science Source / amanaimages：P67
© Hiroshi.Takeuchi / MarinepressJapan / amanaimages：P70
© ito katsutoshi / Nature Production / amanaimages：P72
© nyankotoasobu - Fotolia.com：P9
© Fabrice BEAUCHENE - Fotolia.com：P15
© siempreverde22 - Fotolia.com：P24
© taka - Fotolia.com：P25（上）
© Max Ferrero - Fotolia.com：P25（下）
© Sahara Nature - Fotolia.com：P30
© Svetlana Nikolaeva - Fotolia.com：P45（上）
© Daniel Prudek - Fotolia.com：P45（下）
© gydyt0jas - Fotolia.com：P47
国立極地研究所：P20、P21
農業生物資源研究所 奥田 隆：P34、P35（上・下）
© JAMSTEC：P61（上）、P63（下）、P66（下）、P71
© Tomoo Watsuji/JAMSTEC：P63（上）
鳥羽水族館：P61(下)
© 宇都宮英之 / イーフォトグラフィー / SeaPics Japan：P73、P93（下）
窪寺恒已 / 国立科学博物館 / AP / アフロ：P78
クマムシ博士堀川大樹：P84
クマムシ博士堀川大樹、行弘文子：P85
© N. Ben Eliahu：P86
© PM Poon：P90
© Michael S. Caterino & Cristina Sandoval, The Santa Barbara Museum of Natural History：P91

さくいん

あ行

か行

さ行

た行

な行

は行

ま行

や行

ら行

監修者:

長沼　毅（ながぬま　たけし）

広島大学大学院生物圏科学研究科教授。1961年、人類初の宇宙飛行の日に三重県四日市市に生まれる。筑波大学大学院生物科学研究科博士課程修了。理学博士。海洋科学技術センター（現・海洋研究開発機構）研究員、カリフォルニア大学サンタバーバラ校客員研究員などを経て現在に至る。専門は深海生物学、微生物生態学、系統地理学、極地・辺境等の過酷環境に生存する生物の探索調査。著書に『辺境生物はすごい！　人生で大切なことは、すべて彼らから教わった』（幻冬舎）、『ココリコ田中×長沼毅presents 図解 生き物が見ている世界』（学研パブリッシング）、『考えすぎる脳、楽をしたい遺伝子』（クロスメディア・パブリッシング）など多数。

デザイン●阿部美樹子
イラスト●マカベアキオ
執筆協力●早乙女弥生
編集協力●株式会社オメガ社

NDC 460

子供の科学★サイエンスブックス

極限の世界にすむ生き物たち

一番すごいのは誰? 極寒、乾燥、高圧を生き抜く驚きの能力!

2015年12月8日　発　行

監修者　長沼　毅
発行者　小川 雄一
発行所　株式会社 誠文堂新光社
〒113-0033　東京都文京区本郷3-3-11
（編集）電話03-5805-7765
（販売）電話03-5800-5780
http://www.seibundo-shinkosha.net/
印刷・製本　図書印刷 株式会社

ISBN978-4-416-11521-3